古籍校注叢刊

陳福成注

諸葛亮兵法新註

文史哲出版社印行

國家圖書館出版品預行編目資料

諸葛亮兵法新註 / 陳福成注 -- 初版 -- 臺北市:文史哲出版社, 民 112.02
頁; 公分. --（古籍校注叢刊；5）
ISBN 978-986-314-631-5（平裝）

1.CST：（三國）諸葛亮 2.CST：兵法
3.CST：注釋

592.0953　　112001444

古籍校注叢刊 5

諸葛亮兵法新註

注　者：陳　福　成
出版者：文　史　哲　出　版　社
http:// www.lapen.com.tw
e-mail:lapen@ms74.hinet.net
登記證字號：行政院新聞局版臺業字五三三七號
發行人：彭　正　雄
發行所：文　史　哲　出　版　社
印刷者：文　史　哲　出　版　社
臺北市羅斯福路一段七十二巷四號
郵政劃撥帳號：一六一八〇一七五
電話886-2-23511028 · 傳真886-2-23965656
定價新臺幣四〇〇元
二〇二三年（民一一二）二月初版

ISBN 978-986-314-631-5　　19215

序　關於諸葛亮及其兵法

諸葛亮，字孔明，諡忠，世稱武侯。東漢靈帝光和四年（一八一年），出生在瑯琊郡陽都縣（今山東省沂水縣），陽都縣也通稱「諸縣」，該縣住了很多葛姓人氏，為別於其他郡縣也有葛姓人家，乃逐漸形成複姓的「諸葛」家族了。

諸葛亮在中國是大名頂頂的「神級」人物，男女老少，無人不識，尤其受《三國演義》的影響，在我們中國周邊國家民間更是崇拜孔明，幾乎把他神格化了。

他生前沒有完成北伐大業，最後一次北伐在蜀漢建興十二年，蜀吳聯合攻魏，孔明率十二萬大軍，和司馬懿對峙在渭水五丈原，在八月秋風中病逝五丈原軍次，才五十四歲。

諸葛亮死後四十年，即晉武帝泰始十年（二七四年），陳壽編定《諸葛氏集》，全書有二十四篇。陳壽是蜀漢的舊臣，也是《三國志》的作者，和諸葛亮時代相去不遠，因此應屬完整也最可信。可惜這些作品到宋代時，便都失佚了，所以現今流傳的《諸葛亮兵法》，有人以為是「偽作」，後人以他之名所作。但這些真相如何？也都難以認定了，就像《三略》是否姜太公所作？無從考證，可確定的是，這些都是我們中國的文化兵學寶產，可供代代炎黃子民所用。

世傳《諸葛亮兵法》分二部，〈將苑〉有五十個短篇，大致不離兵學、國防、軍事、戰爭；多數文章大意，與其前代兵法家，如《姜太公》、《孫子》、《吳起》等，看法大致相近。〈將苑〉內容和陳壽的《諸葛氏集》，部份相似，部份後人所作應為可信。

〈便宜十六策〉，除〈治軍第九〉，其餘大多是政治層面，類似《孫子兵法》的〈始計篇〉和《吳起兵法》的〈圖國篇〉。這些應是諸葛亮長年治國、治軍的言行錄，經後人整理得以保存。

諸葛亮「出師未捷身先死」，算是悲劇人物。但他的智、勇、忠、誠等美德集於一身，古今中外再也找不出這樣叫人激賞的政治人物，甚至他的服飾形像：羽扇綸巾，始終是獨一無二的「名牌」。如此「完美」的孔明，就以杜甫的〈蜀相〉一詩，永恆的懷念他：

丞相祠堂何處尋，錦官城外柏森森。
映階碧草自春色，隔葉黃鸝空好音。
三顧頻繁天下計，兩朝開濟老臣心。
出師未捷身先死，長使英雄淚滿襟。

《諸葛亮兵法新註》一書，註釋者放棄其版權，贈為中華民族之文化公共財，在中國（含台灣）地區任何出版單位，均可不經筆者同意任意印行，廣為流傳，嘉惠每一代炎黃子民，是吾至願。

中國台北蟾蜍山　萬盛草堂主人**陳福成**誌於
佛曆二五六五年　西元二〇二二年底

諸葛亮兵法新註

第二部　便宜十六策……一六九

第一部 將苑

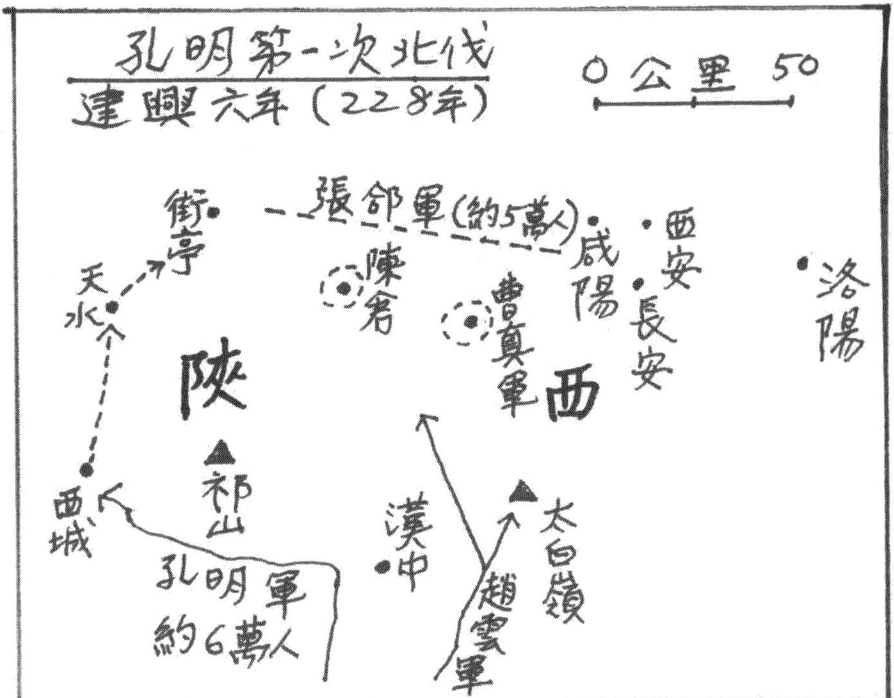
孔明第一次北伐
建興六年（228年）
0 公里 50
張郃軍（約5萬人）
街亭
天水
陳倉
咸陽
西安
長安
洛陽
曹真軍
陝
西
祁山
西城
漢中
太白嶺
孔明軍
約6萬人
趙雲軍

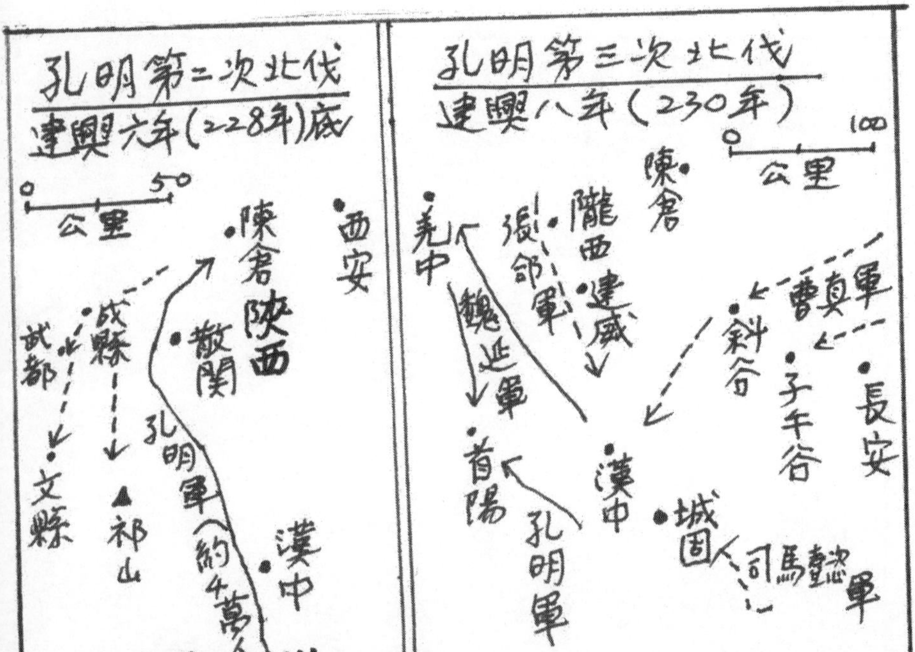
孔明第二次北伐
建興六年（228年）底
0 50
公里
陳倉
西安
陝西
散關
戍縣
武都
文縣
祁山
孔明軍（約4萬人）
漢中
四川
孔明第三次北伐
建興八年（230年）
0 100
公里
陳倉
隴西
張郃軍
建威
羌中
魏延軍
首陽
孔明軍
漢中
曹真軍
斜谷
子午谷
長安
城固
司馬懿軍

一、兵權

【原典】

夫兵之權者，是三軍之司命（註一），主將之威勢。將能執兵之權，操兵之要勢（註二），而臨群下，譬如猛虎，加之羽翼而翱翔四海，隨所遇而施之（註三）。若將失權，不操其勢，亦如魚龍脫於江湖，欲求遊洋之勢，奔濤戲浪，何可得也。

註釋

註一　司命：主宰、控制、掌握。司命，亦是中國民間相傳之灶神。

註二　操兵之要勢：指揮軍隊。

註三　隨所遇而施之：隨所碰到的任何狀況，進行判斷做出選擇，且能完成適當的處理。

所謂兵權，就是要能掌握號令軍隊的大權，保有將帥的威勢，這是身為國家領導人或戰場將帥，必須手握而不能傍落的權力。如若傍落，「將失權，不操其勢，亦如魚龍脫於江湖。」魚龍離水，死路一條。

二、逐 惡

【原典】

夫軍國（註一）之弊，有五害焉：一曰結黨相連，毀譖（註二）賢良；二曰侈其衣服，異其冠帶（註三）；三曰虛誇妖術，詭言神道；四曰專察是非，私以動眾（註四）；五曰伺候（註五）得失，陰結敵人。此所謂姦偽悖德之人，可遠而不可親也。

註釋

註一　軍國：此指軍隊和國家。

註二　譖：音振，誣陷、中傷。

註三　異其冠帶：不合規定的服飾。

註四　動眾：煽動群眾。

註五　伺候：窺視、觀察。

諸葛孔明認為，大凡一個國家或軍隊，之所以最終會崩潰滅亡，都是先從內部發生難以彌補的問題。再加上外來壓力過大，內憂外患齊發，便不可挽救了。內部最大的敵人，孔明列舉五種：

（一）結黨營私，掌控公權力後，利用權力專營私利，國庫通黨庫；邪魔惡勢力結合起，詆譭、陷害忠良。

（二）極盡奢靡之能事，奇形怪狀，破壞倫理常規，而使世風日下，倫常顛倒，導至社會風氣敗壞，人心沉淪！

（三）妖魔鬼怪盛行（如今之同性戀光天化日下全身光光），以妖言（如民主、平權）惑眾，洗腦無知之人。

（四）專門窺人隱私，找尋是非，挑撥離間，煽惑群眾。如今之「民主」和媒體，成為社會之亂源，滅亡之前兆。

（五）窺視得失，又在暗中出賣國家利益。

三、知人性

【原典】

夫知人之性，莫難察焉。美惡既殊，情貌不一，有溫良而為詐者，有外恭而內欺者，有外勇而內怯者，有盡力而不忠（註一）者。

然知人之道有七焉：一曰間（註二）之以是非而觀其志，二曰窮之以辭辯（註三）而觀其變，三曰咨（註四）之以計謀而觀其識，四曰告之以禍難而觀其勇，五曰醉之以酒而觀其性，六曰臨之以利而觀其廉，七曰期之以事而觀其信。

註釋

註一　盡力而不忠：外表看似盡力，實內懷鬼胎。

註二　間：夾雜。

註三　辭辯：言辭論辯。

註四　咨：即諮詢。

識人最難，古今如是（如蔣經國錯識李登輝，使台灣禍延五十年，甚至更久），而大智者孔明錯用馬謖，導至北伐兵敗。也許如是，使他寫下「知人之性，莫難察焉。美惡既殊，情貌不一。有溫良而為詐者，……」孔明還是指出了七種識人基本法：

（一）讓他判別一事之是非，觀察他的志向或動向。

（二）把他的話駁倒，觀察他臨機應變之水平。

（三）請他參與謀劃計策，觀察他的能力見識。

（四）由他處理危機，觀察他的決心膽識。

（五）使他醉酒，觀其本性。

（六）讓他接觸錢財，觀其廉潔程度。

（七）派他去做大事，看他的可靠程度。

我們中華民族有五千年以上的文明文化，這種人物鑑定法，是我們寶貴的文化財，歷史上一些大智大慧者，也有多種不同識人法。如《姜太公兵法》中，也列舉有識人八法。

（一）問他問題，看他對事情了解的程度。
（二）一再追問，看他反應程度。
（三）故意找人勾結他造反，看他忠誠度。
（四）故意洩密給他，看他的德行品格。
（五）讓他處理錢財，看他清廉程度。
（六）使他接近女色，看他定力如何！
（七）叫他做難事，看他的勇氣。
（八）使他醉酒，觀其態度。

另戰國時代李悝（前四五五年：前三九五年），又叫李克、李兌。魏國安邑（今山西運城）人，著名的思想家，魏文侯是任承相，進行變法，使魏國成為戰國初期的強權。李悝的傳世之作有《法經》、《李子》，在他的作品中，也提到識人五法。

（一）當他懷才不遇時，和誰最親近？

（二）當他富裕時，在幫助那些人？

（三）當他獲得高位厚祿時，要提拔何人？

（四）當他陷入困境時，有否不軌行為？

（五）當他貧乏時，是否貪取不義之財？

以上就常情常理而言，都有很高的參用價值。問題是歷史發展很多時候不正常。例如，在動亂、分裂時代（以三國時代，吳、蜀、魏三方的用人來觀察）。有不少僅以立場、意識形態為唯一用人標準，再就今之「台獨偽政權」的用人標準，就更詭了，只能說邪魔用歪道，妖女用魔男吧！這世間有光明，亦有黑暗，有君子必有小人！

四、將 材

【原典】

夫將材有九：道之以德，齊之以禮，而知其饑寒，察其勞苦，此之謂仁將。事無苟免（註一），不為利撓（註二），有死之榮，無生之辱，此之謂義將。貴而不驕，勝而不恃（註三），賢而能下，剛而能忍，此之謂禮將。奇變莫測，動應多端（註四），轉禍為福，臨危制勝，此之謂智將。

進有厚賞，退有嚴刑，賞不逾時，刑不擇貴（註五），此之謂信將。足輕戎馬，氣蓋千夫，善固疆場，長於劍戟，此之謂步將。登高履險，馳射如飛，進則先行，退則後殿，此之謂騎將。氣凌三軍，志輕強虜，怯於小戰，勇於大敵（註六），此之謂猛將。見賢若不及，從諫如順流，寬而能剛，勇而多計，此之謂大將。

註釋

註一　事無苟免：任何大小事都肯負責任，絕不會粗忽草率，也不會用不正當方法做事，竭盡所能完事之意。

註二　利撓：不受利益誘惑。

註三　勝而不恃：打勝仗也不會得意忘形，沾沾自喜；或可解，戰勝也不居功自傲。

註四　多端：各種變化的狀況。

註五　刑不擇貴：法律之前人人平等，刑罰不因地位的尊卑而有所不同。

我們中國歷史上名將述之不盡，國家統一總得要經由一場場戰爭的洗禮才完成，幾千年來，一次次分裂，又一次次統一之戰。因而，在戰爭的溫牀裡，就誕生了各種類型的將材。如〈千字文〉提到，「起翦頗牧，用軍最精，宣威沙漠，馳譽丹青。」這「起翦頗牧」，正是秦國之白起和王翦，趙國的廉頗和李牧，此四人稱「戰國四大名將」。按諸葛亮將材分類，他們屬那一類？

（一）仁將：對待部下寬厚，治軍能保持適當禮儀。能體恤部下的辛勞與饑寒，並給予溫暖安慰，其心仁厚。

（二）義將：凡事都慎重，絕無粗略草率之事，竭盡所能完成任務。不受利誘，不苟且偷生，失去生命在所不惜。

（三）禮將：地位尊貴而不驕傲，戰勝不倨功自恃，賢能多才又能禮賢下士，個性剛直但很有耐性，不好逞強。

（四）智將：奇正用兵，變化莫測，臨危不亂。對戰場狀況的觀察、判斷與決心，正確而迅速，故能造福軍民。

（五）信將：信賞必罰，鐵面無私，有賞的時候，絕不會拖延；有罰的時候，不論親朋貴族，軍法之前都平等。

（六）步將：壯志凌雲，戰志高昂，一心一意保國衛民。馳騁戰場，武藝高強，戰無不勝，攻無不克，所向無敵。

（七）騎將：登高山涉萬險，都能安穩的騎在馬上，箭術百發百中。進攻時帶頭衝鋒，後退時殿後確保部隊安全。

（八）猛將：威風八面，叱咤風雲，氣壯山河，志向雖不大，但勇於面對敵人。愈是強大的敵人，他戰志愈高。

（九）大將：推舉賢才，唯恐不及，接納忠言如順流之水，坦然自在。寬宏大量而不失剛直，智勇雙全！

吾國歷史上的名將眾多，其實大部份很難歸類，因為所謂「名將」，幾乎是戰場上的全能者。我國歷史上有公認的「十大名將」：兵聖孫武、亞聖吳起、殺神白起、兵仙韓信、西楚霸王項羽、龍城飛將衛青、大漢飛騎霍去病、大唐戰神李靖、趙國神將李牧、萬里長城徐達。

三國時代的關公、張飛，為何沒有入選十大？他二人雖很出名，但為將之道有所欠缺。他們的歷史地位和評價來自「義」，若以「義」為標準，就會入選十大！

五、將 器

【原典】

將之器（註一），其用大小不同。若乃察其奸，伺（註二）其禍，為眾所服，此十夫之將。夙興夜寐（註三），言詞密察，此百夫之將。直而有慮，勇而能鬥，此千夫之將。外貌桓桓（註四），中情烈烈（註五），知人勤勞，悉人饑寒，此萬夫之將。進賢進能，日慎一日，誠信寬大，閑（註六）於理亂，此十萬人之將。仁愛洽（註七）於天下，信義服鄰國，上知天文，下識地理，四海之內，視如室家，此天下之將。

註釋

註一　器：器量、才能。

註二　伺：發現。

註三　夙興夜寐：早起晚睡，盡心治理軍務。

註四　桓桓：威武的樣子。

註五　中情烈烈：內心熱情。

註六　閑：通嫻，熟練之意。

註七　洽：融洽。

「將器」，是將帥的器量、才能，諸葛亮依據將帥才能大小區分，把將領分成六種，領導不同規模的部隊：

（一）十夫之將：能判別心術不正、企圖不良的人，發現潛在的災禍，使部下心悅誠服，這是帶領十人之將。

（二）百夫之將：早起晚睡，一心一意治理軍隊事務，言語謹慎，凡事都經過周密思考，這是可以帶領百人之將。

（三）千夫之將：性格正直而能深思熟慮，勇猛善戰，這是可以帶領千人之將。

（四）萬夫之將：外貌威武，內心充滿熾烈的熱情，了解部下的辛勞疾苦，對人富有憐憫心，這是帶領萬人之將。

（五）十萬人之將：用人進賢進能，時刻都謹言慎行，重誠信且寬宏大量，善於治理紊亂無章之事，此十萬人之將。

（六）天下之將：仁民愛物，和睦鄰國，上能通曉天文，中能察考人事，下能深識地理，看待四海如自己的家，這是可以統率天下的將帥。

不論古今軍制，只帶領十人、百人、千人，都不能稱「將軍」，以現代軍制，帶領十人是班長，帶領百人是連長，帶領千人約是營長或旅長（重裝、輕裝差別大）。所以孔明所述十人之將、百人之將，應如何解讀？

大概可以有兩種理解，一是特種編組或特別任務。其次是指帶幹部人數，例如一個少將師長約帶領十個旅長級軍官，稱「十夫之將」，這當參考解讀。

六、將　弊

【原典】

夫為將之道，有八弊焉，一曰貪而無厭，二曰妒賢嫉能，三曰信讒好佞（註一），四曰料彼不自料（註二），五曰猶豫不自決，六曰荒淫於酒色，七曰奸詐而自怯（註三），八曰狡言（註四）而不以禮。

註釋

註一　佞：曲意奉承、巧言獻媚。

註二　不自料：不能知己。

註三　自怯：內心怯懦。

註四　狡言：圓滑狡辯。

諸葛亮指出將領常見的弊病有八種：

（一）貪婪無厭。

（二）嫉妒賢能有才德的人。

（三）喜好諂媚如邪惡的小人。

（四）光會評判別人，而不能自知。

（五）凡事猶豫不決。

（六）貪圖酒色，不能自拔。

（七）虛偽狡詐，內心膽怯。

（八）奸詐巧辯，不守禮法。

這八種將弊，其實不論古今與職業別，任何擔任領導、管理者，也都要警惕，甚至一般人也要警示自己，只要八者之中有其一二，必使自己人生成為「失敗組」。

關於「將弊」，在《孫臏兵法》也列出二十種：（一）沒有才能，自以為有。（二）驕傲怠慢。（三）貪圖名利。（四）貪婪物質享受。（五）……。（六）輕率。（七）呆滯遲鈍。（八）無勇。（九）有勇而體能差。（十）不誠。（十一）……。（十四）猶豫不決。（十五）行動緩慢。（十六）粗心大意。（十七）……。
（十八）殘酷。（十九）專橫。（二十）破壞軍紀。

七、將 志

【原典】

兵者凶器，將者危任（註一），是以器（註二）剛則缺（註三），任重（註四）則危。故善將者，不恃強（註五），不怙勢（註六），寵之而不喜，辱之而不懼，則利不貪，見美不淫，以身殉國，一意而已。

註釋

註一　危任：危險的任務。亦可解擔負重任。

註二　器：此指軍隊。

註三　缺：禍害，或解出現問題。

註四　任重：重大任務處理不當，會陷入險境。

註五　恃強：依靠強大的軍隊。

註六　怙勢：倚仗權勢。

軍隊的存在，自古以來就是一種「必要之惡」，也是一種「迷思、弔詭」的存在。不能不強大，但過於強大也不好；不能不依賴，過於依賴也不好，軍隊就像是一個「合法的黑社會」，必須要有的「黑幫」。

所以孔明說，軍隊就是殺人的兇器，將帥是承擔危險任務的人。過於依賴軍隊很容易出問題,將帥對重大軍務如果處理不當,也可能使自己或軍隊陷入險境。

優秀的將領，不依靠強大軍力提高自己身價，也不倚仗權勢，受寵不忘形得意，心中無懼。見利不貪，不受美色誘惑，一心報國，別的什麼都不想。

從最古老的兵書《姜太公兵法》，就提到「軍隊是兇器」。所以在中國的傳統思想中，國家必須「富國強兵」，但對戰爭要很慎重，做為將帥更是一種「危險的承擔」。因為，「忘戰必危，好戰必亡」，不可不察！

八、將 善

【原典】

將有五善（註一）四欲（註二）。五善者，所謂善知敵之形勢，善知進退之道，善知國之虛實，善知天時人事，善知山川險阻。四欲者，所謂戰欲奇，謀欲密，眾欲靜，心欲一。

註釋

註一　五善：五種必須不斷精進的能力，要持續自我磨練、進修，使其達到盡善盡美的境界，才是上善之將領。

註二　四欲：四種必須做到的要求。

將帥之五善是：

（一）善於對敵軍之觀察、分析、判斷，掌握敵情形勢。

（二）善於掌握進攻和後退的時機。

（三）善於知道敵我兩者之虛實。

（四）善於把握天時人事之變化和利機。

（五）善於運用山川地理形勢之地利。

而四欲是：出奇制勝、計畫周密、冷靜迎戰、團結一致。一個將領，能具備「五善四欲」，不打勝仗也難！

九、將剛

【原典】

善將（註一）者，其剛不可折（註二），其柔不可卷（註三）。故以弱制強，以柔制剛。純柔純弱，其勢必削（註四）；純剛純強，其勢必亡（註五）；不柔不剛，合道之常（註六）。

註釋

註一　善將：善於統兵作戰的將領。

註二　剛不可折：意指，意志剛毅，不受動搖。

註三　柔不可卷：意說，性格柔和，但不軟弱。

註四　純柔純弱，其勢必削：一味示弱，威勢會漸漸被削弱；或解，如果始終使用柔弱的方法，就越來越弱了。

註五　純剛純強，其勢必亡：完全使用強大軍力處理事情，軍力必會殆盡而亡；或可解，一味用強硬手段處理事情，容易招致災禍。

註六　不柔不剛，合道之常：剛柔並濟才合乎常情常理。

「以柔克剛，剛柔並濟」，不僅是我國兵法家的重要思想，甚至是中華文化的重要內涵。從《姜太公兵法》以下諸家，都有柔剛合用之論述，如《孫子兵法》中「能而示之不能」，都是剛柔的辯證運用。《老子》一書是我們中國的智慧寶典，亦有柔剛論說：

將欲歙之，必固張之；將欲弱之，必固強之；將欲廢之，必固興之；將欲奪之，必固與之，是謂微明。柔弱勝剛強。魚不可脫於淵，國之利器不可以示人。（第三十六章）

反者，道之動；弱者，道之用。天下萬物生於有，有生於無。（第四十章）

天下之至柔，馳騁天下之至堅，無有入無間，吾是以知無為之有益。不言之教，無為之益，天下希及之。（第四十三章）

天下莫柔弱於水，而攻堅強者莫之能勝，其無以易之。弱之勝強，柔之勝剛，天下莫不知，莫能行。（第七十八章）

《老子》一書，不光影響我國兵學思想，就是政治、哲學等也都受到影響，也在常民社會廣受重視。但所謂「剛柔並濟」，言之容易，行之困難，如老子說的「天下莫不知，莫能行」！

十、將驕吝

【原典】

將不可驕，驕則失禮，失禮則人離，人離則眾叛。將不可吝，吝則賞不行（註一），賞不行則士不致命（註二），士不致命則軍無功，無功則國虛，國虛則寇實（註三）矣。孔子曰：「如有周公之才之美，使驕且吝，其餘不足觀也已。」

註釋

註一　賞不行：應該獎賞而得不到獎賞。

註二　致命：竭力效命。

註三　寇實：使敵人實力強盛。

驕兵必敗！這是兵家、軍事家及身為將帥的人，都知道的基本常識，可惜歷史上仍有不少「名將」，因驕而敗，乃至丟了老命。另一個「吝」也致命，一旦有了驕和吝，大約失敗之路就確定了。

人都不完美，但孔夫子這句話是重要警惕，「如有周公之才之美，使驕且吝，其餘不足觀也已。」不論你有多少優點，犯上了驕與吝兩大病，其他優點都不值一看！

十一、將彊

【原典】

將有五彊（註一）八惡（註二）。高節可以厲俗（註三），孝弟可以揚名，信義可以交友，沈慮（註四）可以容眾，力行可以建功，此將之五彊也。謀不能料是非，禮不能任賢良，政不能正刑法，富不能濟窮阨（註五），智不能備未形（註六），慮不能防微密（註七），達（註八）不能舉所知，敗不能無怨謗，此謂之八惡也。

註釋

註一　五彊：彊，同強，即五種美德。

註二　八惡：八種令人討厭的行為。

註三　厲俗：厲，同勵，對善良風俗有激勵作用。

註四　沈慮：深思熟慮。

註五　窮阨：窮困潦倒。

註六　備未形：防患於未然；或解，沒有遠見的智慧，對未來應有的規劃，沒有能夠做好充份的準備。

註七　微密：極小的事物。

註八　達：發達。

將帥做為全軍官兵的最高領導，他的為人處事都看在官兵眼裡，自然是官兵之典範，對官兵乃至人民都有影響。因此，孔明認為將材不光要有為將之才，其品德、操守也要有極高水平，如要有五種美德。

（一）高風亮節，可以激勵世俗，發揚善良風俗。

（二）孝順父母，友愛兄長，才能受人尊敬。

（三）篤守信義，能夠廣交朋友。

（四）深思熟慮，可以廣納大家的見解。

（五）做任何事情都專心，全力以赴，可以建功。

但人非聖賢，一切眾生都難免有些問題，身為人的欲望情緒也不可能完全沒有。可見「修身」須要克制的功夫，身為將帥有八種叫人討厭的行為，應盡量避免或減少。

（一）雖有些許謀劃，卻不能判斷正確與錯誤。

（二）講究禮節，卻不能禮遇賢才。

（三）政治認識不足，不能確實嚴明軍法。

（四）自己富裕後，不能接濟窮困。

（五）雖有一點智慧，卻不能防患於未然。

（六）思慮不夠周密，常使小問題變大問題。

（七）飛黃騰達時，沒有舉薦自己所知的賢能之士。

（八）事情失敗後，總是怨天尤人，不虛心反省。

十二、出師

【原典】

古者國有危難，君簡（註一）賢能而任之，齋三日，入太廟，南面而立；將北面（註二），太師進鉞（註三）於君。君持鉞柄以授將，曰：「從此至軍，將軍其裁之。」復命曰：「見其虛則進，見其實則退。勿以身貴而賤人（註四），勿以獨見（註五）而違眾，勿恃功能而失忠信。士未坐，勿坐；士未食，勿食；同寒暑，等勞逸（註六），齊甘苦，均危患（註七）。如此則士必盡死，敵必可亡。」

將受詞（註八），鑿凶門（註九），引軍而出。君送之（註十），跪而推轂（註十一），曰：「進退惟時，軍中事不由君命，皆由將出（註十二）。」

若此，則無天於上，無地於下（註十三），無敵於前，無主於後（註十四）。是以智者為之慮（註十五），勇者為之鬥，故能戰勝於外，功成於內，揚名於後世，福流於子孫矣。

註釋

註一　簡：同揀，選拔。

註二　將北面：將領面向北方。

註三　鉞：斧鉞，象徵手握生殺大權。

註四　賤人：輕視別人。

註五　獨見：專橫獨斷。

註六　等勞逸：意說，將領與士卒同辛勤共安逸。

註七　均安危：共患難。

註八　受詞：接受了命令。

註九　凶門：北門。古代軍隊出征從北門出發，並以喪禮方式送行，以示官兵必死之決心。故後世稱北門為「凶門」。

註十　君送之：意指，君王送出征的軍隊到北門。

註十一　轂：車輪。

註十二　皆由將出：意指，軍隊一切事務，全由將領全權指揮和處理。

註十三　無天於上、無地於下：意說，將領率軍出征後，在戰場上，不受天文、地理的一切牽制，所有軍務都由將領自主決定。

註十四　無主於後：不受君王在後方牽制。

註十五　智者為之慮：有才智的人，都來竭盡其智謀。

在古代的冷兵器時代，將領的帶兵藝術中，很重視「士未坐，勿坐；士未食，勿食；同寒暑，等勞逸，齊甘苦，均危患。」在我國歷代兵家、將領中，能如是且做得最好最徹底，就是吳起。

到了現代社會，軍隊的分工分責已很明確，將領已不可能做到「士未坐，勿坐……」。因為現代軍制，世界各國雖有差異，但通常師長或獨立旅長，才是將軍階級，全師（旅）數千或上萬人，從班長到師長分層負責，師長不可能和士卒「等勞逸」，最多是精神上表現全軍之同甘共苦！

諸葛亮在〈出師〉一節，除了闡揚軍隊出征前，君王必須授予將帥有絕對之權威，也提示了《孫子兵法》所述之「將在外君命有所不受」的道理。而孔明的境界更高，所謂「無天於上，無地於下，無敵於前，無主於後」，只能當成一種理想，古今無一兵家可合此理想。

統兵作戰，負責戰場指揮的將帥，必須掌握絕對權力，才能調動部隊，全軍才能視死效命。但歷史上還是有很多君王（如戰國時代的趙王），違反此一「鐵律」，在後方下指導棋，險些亡國：最後還是亡了。

十三、擇　材

【原典】

夫師之行（註一）也，有好鬥樂戰，獨取（註二）強敵者，聚為一徒，名曰報國之士；有氣蓋三軍，材力勇捷者，聚為一徒，名曰突陣之士；有輕足善步，走如奔馬者，聚為一徒，名曰搴（註三）旗之士；有騎射如飛，發無不中者，聚為一徒，名曰爭鋒之士；有射必中，中必死者，聚為一徒，名曰飛馳之士；有善發強弩，遠而必中者，聚為一徒，名曰摧鋒（註四）之士。此六，軍之善士（註五），各因其能而用之也。

註釋

註一　行：此指部隊編制的形成。

註二　獨取：單打獨鬥。
註三　搴：拔取、奪取。
註四　摧鋒：摧毀敵之銳氣。
註五　善士：此指軍隊之精銳。

我國從夏商以後，軍隊的編成主要有三種，即步兵、騎兵、戰車兵，類似現代所謂的兵科（如步、裝、砲等）。秦漢以後，軍隊編成有日愈複雜之勢，這是為應付各種不同敵人、兵器、環境的需要。

「人盡其才，物盡其用」，當然也是軍隊編成原則之一，人的喜好和能力要與工作內容相結合，才能發揮最大潛力（戰力）。諸葛亮依此原則，把軍隊編成「報國、突陣、前鋒、爭鋒、射擊、摧鋒」六種形態。

古今任何行業都存在擇才問題，何樣的人才委以何種工作？而何種任務要由何種人才去執行，才能得到最大成果？這始終考驗著每個當領導的人。因為用人不當，遭致慘敗、滅亡的史例，真是不勝枚舉，可見「人盡其才」不像說的這麼容易，還有更多複雜的因素，連諸葛亮也錯用了馬謖！

十四、智　用

【原典】

夫為將之道，必順天、因時（註一）、依人（註二）以立勝也，故天作時不作而人作，是謂逆時（註三）；時作天不作而人作，是謂逆天（註四）；天作時作而人不作，是謂逆人（註五）。智者不逆天，亦不逆時，亦不逆人也。

註釋

註一　因時：依據有利時機。

註二　依人：依靠眾人的力量。

註三　天作時不作而人作，是謂逆時：自然條件出現有利狀況，但時機不利，人仍進行操作，這是違背時機。

註四　時作天不作而人作，是謂逆天：時機出現了有利狀況，但自然條件不具備，人仍照常去作，是違背天道。

註五　天作時作而人不作，是謂逆人：自然條件出現有利狀況，時機也有利，人卻不願去作，這是違反人心。

「天時、地利、人和」，是古今以來，中國思想家們經常強調，是最佳成事，乃至成功立業的機會。此種機會一旦失去，機不再來，只有讓人空等待！但如果仔細去看歷史上戰役，不論古今中外，完全「順天、因時、依人」三者都完好配合，似乎很難，幾乎沒有。就是諸葛亮自己發動的五次北伐，嚴格而論，三者都未能配合，甚至往往是「逆勢」而為，不管「逆天、逆地、逆人」，總是有所違逆！

在戰略、戰術的運用上，為創造攻其不備、以實擊虛的條件，往往逆勢而為。在不利的地區登陸攻擊，刻意在天候不佳的狀況進行奇襲，這種「逆天、逆時」的作為，在戰史上也是不勝枚舉！

不論何事，你等待著「天時、地利、人和」才出擊，對手也在盤算著「天時、地利、人和」條件的出現。如果兩方都同時機會到了，誰才是最後的勝利者？

十五、不陳

【原典】

古之善理者不師（註一），善師者不陳（註二），善陳者不戰（註三），善戰者不敗，善敗者不亡。昔者，聖人之治理也，安其居，樂其業，至老不相攻伐，可謂善理者不師也。若舜修典刑，咎繇（註四）作士師（註五），人不干令（註六），刑無可施，可謂善師者不陳。

若禹伐有苗，舜舞干羽（註七）而苗民格（註八），可謂善陳者不戰。若齊桓南服強楚，北服山戎（註九），可謂善戰者不敗。若楚昭遭禍（註十），奔秦求救，卒能返國，可謂善敗者不亡矣。

註釋

註一 不師：不興兵出師。
註二 不陳：不輕易擺兵布陣。
註三 不戰：不輕易出擊作戰。
註四 咎繇：亦稱皋陶，舜帝時掌刑罰之官，鐵面無私，人民都不敢越法違禮。
註五 士師：司法官。
註六 干令：犯法。
註七 干羽：盾牌和鳥的羽毛。
註八 格：服從、歸順。
註九 山戎：吾國在春秋時代，生活在北方的部落，約在今之遼寧省西北部、河北省東北部，其後代約是東胡、匈奴等。
註十 楚昭遭禍：周敬王十四年（前五〇六年）冬，吳伐楚，楚軍大敗，吳軍佔領楚都。次年楚大夫申包胥到秦國哭求救兵（據聞哭七天七夜），終於得到秦軍出師，大敗吳軍，楚昭王得以復國。

軍隊本來就是一種殺人「凶器」，且是強大的凶器，一旦用兵必然會死人，通常雙方都會各有死傷。以現代的一戰、二戰，死人都數千萬，上看億人死，所以除了惡性的侵略者（如我們中國的惡鄰居倭國），一般都是盡可能的避免發生戰爭。

「慎戰」是我們中國自古以來，軍事思想的主流。正如諸葛亮在本文所闡述，善於治國的人不使用軍隊處理問題，善於用兵的人不輕易擺兵布陣，就算是擺開了陣勢，也不輕易開戰，善於作戰的人一旦開戰必然不會失敗。

所謂「善敗者不亡」是個迷思，通常已經打了敗仗，古代國家格局小，必面臨滅亡命運。歷史上的兵家只說「善敗者不亡」，但並未教導如何可以不亡！

從大歷史來看，幾千年來所有曾經出現的國家（含政治體），最後都必然走向滅亡，其所以亡也是經歷戰爭的失敗。能像楚昭王，亡國後又復國，是因為有一個申包胥！

十六、將　誡

【原典】

書（註一）曰：「狎（註二）侮君子，罔以盡人心（註三）；狎侮小人（註四），罔以盡人力。」故行兵（註五）之要，務攬英雄之心。嚴賞罰之科，總（註六）文武之道，操剛柔之術，說（註七）禮樂而敦詩書（註八），先仁義而後智勇。

靜如潛魚，動若奔獺，喪其所連（註九），折其所強（註十），耀以旌旗，戒以金鼓（註十一）。退若山移，進如風雨，擊崩若摧（註十二），合戰如虎；迫而容之（註十三），利而誘之，亂而取之，卑而驕之，親而離之，強而弱之（註十四）。

有危者安之，有懼者悅之，有叛者懷（註十五）之，有冤者申之，有強者（註十六）抑之，有弱者扶之，有謀者親之（註十七），有讒者覆（註十八）之，獲財者與之（註十九）。不倍兵以攻弱，不恃眾以輕敵，不傲才以驕人，不以寵而作威；先計而後動，知勝而始戰。

得其財帛不自寶（註二十），得其子女不自使（註二一）。將能如此，嚴號申令而人願鬥，則兵合刃接（註二二）而人樂死矣。

註釋

註一　書：此指《尚書》一書，先秦時期政事文獻記錄，內容包含上古及夏、商、周之君王、重臣言論政事記要，文風質僕，為我國文學散文創作之祖。

註二　狎：輕慢而不莊重的行為。

註三　罔以盡人心：不能使人盡心。罔，無、不也。

註四　小人：此指軍中位階較低之士卒。

註五　行兵：帶兵打仗。

註六　總：全面掌握。

註七　說：同悅，喜愛。

註八　本句中的禮樂詩書，指《禮記》、《樂經》、《詩經》、《尚書》四部吾國古代經典。但《樂經》已失傳，據聞失傳於漢末或兩晉。

註九　喪其所連：摧毀敵人的聯合。

註十　折其所強：削弱敵人之兵鋒。

註十一　戒以金鼓：用金鼓統一指揮。

註十二　擊崩若摧：攻擊潰敵如摧枯拉朽。

註十三　迫而容之：緊迫追擊敵人，而不造成困獸猶鬥。

註十四　強而弱之：敵人強大，設法削弱他們。

註十五　懷：安撫。

註十六　強者：此指桀驁不馴者。

註十七　有謀者親之：意說，有謀略智慧的人，要親近他，才能了解他，進而才能收為己用。

註十八　覆：反復考察。

註十九　獲財者與之：想要得到錢財的人，就給他錢財。（這是在用人上的策略，為摸著對方的喜好，投其所愛，以利控制、運用。）

註二十　自寶：佔為己有。

註二一　得其子女不自使：俘獲敵方人之子女，不會佔為自己所役使。

註二二　兵合刃接：兩軍交戰。

孔明應該是熟讀了《孫子兵法》一書，〈將誡〉一文中，「利而誘之……強而弱之。」這段，在《孫子兵法》〈始計篇第一〉亦說，「利而誘之，亂而取之，實而備之，強而避之，怒而撓之，卑而驕之，佚而勞之，親而離之。攻其無備，出其不意。」可以見得，孔明深得孫武兵學之精華。

但在攻敵之弱上，孔明是否太過「仁慈」，他說「不倍兵以攻弱」，當有數倍兵力碰到敵之弱勢兵力，不正是全殲敵軍的良機嗎？為何要放過敵軍一條生路？似乎沒有合理的解釋，只能說孔明仁慈！

軍隊在戰場上，最大的成功是殲敵致勝。所以《孫子兵法》〈謀攻篇第三〉說，「十則圍之，五則攻之，倍則分之，敵則能戰之，少則能守之，不若則能避之。」另在〈虛實篇第六〉亦說，「我專為一，敵分為十，是以十攻其一也。」或許孔明認為，「倍兵以攻弱」勝之也不覺得光榮吧！

〈將誡〉一文內容豐富，「狎侮君子，罔以盡人心；狎侮小人，罔以盡人力。」這是將德之誡。若能做到「總文武之道，操剛柔之術，說禮樂而敦詩書，先仁義而後智勇……」相信這便是一位成功的「儒將」。

「先計而後動，知勝而始戰」。此亦孔明深得孫武兵學之妙法，在《孫子兵法》〈軍形篇第四〉，「故善戰者，立于不敗之地，而不失敵之敗也。是故勝兵先勝，而後求戰；敗兵先戰而後求勝。」拿孔明的蜀軍所進行的北伐，印證於他自己的兵法和孫子所述，他的北伐大業雖未成，但也沒有失敗；而他所率領的蜀軍，算是一支「勝兵」，因為沒有成為「敗兵」。

孔明用兵始終極為謹慎，他不用魏延所提的「子午谷奇謀」，因為太冒險，為使蜀軍「立于不敗之地」，不能冒險。子午谷，北起陝西省長安西南秦嶺山中，南到石泉縣，北出口叫「子口」，南出口叫「午口」。子午谷奇謀到底能否成功？孔明若採用，結果將如何？千百年來始終是熱門的軍事研究議題！

十七、戒 備

【原典】

夫國之大務（註一），莫先於戒備。若夫失之毫釐，則差若千里。覆軍殺將（註二），勢不逾息（註三），可不懼哉！故有患難，君臣旰食（註四）而謀之，擇賢而任之。若乃居安而不思危，寇至而不知懼，此謂燕巢於幕（註五），魚游於鼎，亡不俟夕矣！

《傳》（註六）曰：「不備不虞，不可以師（註七）。」又曰：「預備無虞，古之善政。」又曰：「蜂蠆尚有毒，而況國乎？」無備，雖眾（註八）不可恃也。故曰，有備無患。故三軍之行（註九），不可無備也。

註釋

註一　大務：重大的事情。

註二　覆軍殺將：軍隊覆沒，將領被殺。

註三　逾息：超越呼吸之瞬間，形容很緊急的事件。

註四　旰食：意指事情很忙餐食不定。

註五　燕巢於幕：比喻人在險境，時刻不安。《左傳》：「衛孫林父得罪於君，懼猶不足，而又何樂？夫子之作此也，猶燕之巢於幕上，何可以樂乎？」

註六　《傳》：即《左傳》，春秋末期魯國史官左丘明著，全稱《春秋左氏傳》。是一部編年體史書，記錄春秋時期中原各國歷史，共有三十五卷，在十三經中篇幅最長，在《四庫全書》中為〈經部〉。

註七　師：率領軍隊。

註八　眾：此指軍隊數量多。

註九　三軍之行：指三軍一切行動。

「國之大務，莫先於戒備。」孔明一生素以謹慎聞名，他經營蜀漢，時刻都在備戰，備戰必有戒備。誠如《孫子兵法》〈始計篇第一〉所言，「兵者，國之大事，死生之地，存亡之道，不可不察也。」

可能蜀漢是三國之中最弱勢者，領土和人口都不如吳魏，所以孔明感受到強烈的危機感，似乎隨時有亡國的可能，才以「燕巢於幕，魚游於鼎，亡不俟夕矣！」形容，警示戒備的重要。

國家要建軍備戰，隨時戒備，是我國古老的傳統。如《左傳》言，「不備不虞，不可以師。」又言：「預備無虞，古之善政。」但古今仍有一些國家，君臣天天過著醉生夢死的日子，這才是「燕巢於幕」而不自知，「魚游於鼎」仍自以為樂！

十八、習　練

【原典】

夫軍無習練，百不當一（註一）。習而用之，一可當百。故仲尼曰：「不教而戰，是謂棄之。」又曰：「善人（註二）教民七年，亦可以即戎矣。」然則即戎（註三）之不可不教，教之以禮義，誨之以忠信，誡之以典刑（註四），威之以賞罰；故人知勸（註五）。

然後習之，或陳而分之，坐而起之，行而止之，走而卻之（註六），別而合之（註七），散而聚之。一人可教十人，十人可教百人，百人可教千人，千人可教萬人，萬人可教三軍，然後教練，而敵可勝矣。

註釋

註一　百不當一：形容無法作戰。

註二　善人：此指賢德之人。

註三　即戎：上戰場。

註四　典刑：各種法令規章。

註五　知勸：意說，國家對人民的教化，要用道理去感化人民，使人民深明大義，接受法令，願意聽從指揮。

註六　走而卻之：前進後退。

註七　別而合之：解散集合。

所謂「養兵千日，用兵一時」。孔明論述如何經由教育訓練，加強軍隊的戰鬥力，訓練有素的軍隊，所能發揮的力量，遠超單純人數的相加。（例如，一個訓練有素的特種部隊連級，可能發揮如一個旅的戰鬥力。）

不是兵家的孔老夫子都說，「未經訓練就叫人出戰，等於叫人去送死。」又說：「有智慧的人教育民眾七年，就可使一般百姓上戰場。」這種構想可能是全民皆兵制，每個成年公民都可以隨時上戰場。

不論古今，軍隊的教育訓練都有一個共通性，在技術訓練之前，有一段普通的綜合教育；再者，教育和訓練，除了採取集體方式，還有個別方式。最後，用某種「演習」來驗收教育訓練的成果。

十九、軍　蠹

【原典】

夫三軍之行，有探候不審（註一），烽火（註二）失度；後期犯令（註三），不應時機，阻亂師徒（註四）；乍前乍後（註五），不合金鼓；上不恤下，削斂無度；營私徇己，不恤饑寒；非言妖辭，妄陳禍福；無事喧雜，驚惑將吏；勇不受制，專而陵（註六）上；侵竭府庫，擅給（註七）其財。此九者，三軍之蠹（註八），有之必敗也。

註釋

註一　不審：審察、調查不準確。

註二 烽火：古代傳送敵情的舉火示警。
註三 犯令：違反軍令。
註四 師徒：軍隊的行程。
註五 乍前乍後：前後失控。
註六 陵：侵犯。
註七 擅給：不合法的給予。
註八 蠹：一種害蟲，此指禍害。

軍隊是由人組成，人有各種欲望，一肚子愛恨情仇，貪瞋癡慢疑更是人所具有的本性，任誰也都有私心。雖有軍法、軍紀的約制，也不可能使每個人都乾乾淨淨，多少存在一些問題。

但若問題嚴重、惡化到成為「蠹」，表示軍隊內部可能已經腐敗、墮落。內部隱患不除，必使軍隊喪失戰鬥力，諸葛亮指出軍隊有「九蠹」是禍害：

（一）對於敵情的偵察、搜索，不能把握精確原則，判斷、審察輕忽，不辨真偽，烽火警報敵情失誤或混亂。

（二）官兵不守軍紀，違法犯令不加糾正，軍隊士卒不能依照命令按時到達指定地點，延誤時機，阻亂軍隊行程。

（三）由於軍紀散漫，軍隊行動前後失控，陣容紊亂，士卒不能相互配合，各行其是，因此金鼓號令形同虛設。

（四）軍隊各級幹部無視軍法，貪污腐敗，一心只想搞錢，上不恤下，一級壓一級，毫無節制的斂財。

（五）利用權力，欺上瞞下，營私謀財，私徇舞弊，士卒疾苦也不放心上，只一心為己，亦無視於士卒饑寒。

（六）官兵之中流行占卜算命等，妄言軍隊之吉凶禍福，妖言惑眾，傳播不實謠言，使得正常的命令傳達失敗。

（七）軍營白天如市集，晚上如夜市，始終喧吵紛亂，驚擾官兵心神，使人難以靜心工作，各級幹部心不安。

（八）好勇鬥狠之人不受節制，勇悍獨行不聽指揮，破壞了軍隊指揮系統；性情專橫之人犯上，無視軍法軍紀。

（九）侵吞公款，擅自將府庫錢財私用，私自用於利益交換，將帥不擇手段侵佔公家財物，上行下效。

古今中外軍隊之所以腐敗，必有很多深層原因，都和人性的私欲有關。但有紀律的軍隊，人的私欲會受軍法軍紀的節制，所以軍隊的腐敗，「蠹」之生成惡化，不過是軍法軍紀形同虛設，所以人的私欲橫行，但這仍不是根源問題。

根源問題來自國家的上層領導階層，也是一群鼠輩妖魔之類，則為官貪污腐敗，「東廠」橫行，民心向背，則軍隊幹部上行下效。這樣的軍隊成了「蠹」的溫牀，不能打仗，更像一個「黑幫」！如何去除蠹害？不是軍隊單純的問題，而是整個國家治理的一部份！

二十、腹　心

【原典】

夫為將者，必有腹心（註一）、耳目（註二）、爪牙（註三）。無腹心者，如人夜行，無所措手足；無手足者，如冥然而居，不知運動；無爪牙者，如饑人食毒物，無不死矣。故善將者，必有博聞多智者為腹心，沈審謹密者為耳目，勇悍善敵者為爪牙。

註釋

註一　腹心：比喻親信。

註二　耳目：指情報人員。

註三　爪牙：指監軍、督戰人員。

此處腹心、耳目、爪牙，指將帥的參謀群組織之一部分。類似現代軍制（如步兵師中的人事、情報、作戰訓練、後勤、保防、監察等），只是古今用詞不同。「腹心、耳目、爪牙」，現代聽起來有些不雅，但古代兵學則是常用術語。如《姜太公兵法》〈龍韜篇．王翼第十八〉，武王問太公「王翼」編制如何？太公答「將有股肱羽翼七十二人」，也就是說，軍隊作戰時，將領的參謀編組是七十二人。其中關於腹心、耳目、爪牙，太公如是回答：

「腹心一人。主潛應卒，揆天消變，總攬計謀，保全民命；」

「耳目七人。主往來，聽言識變，覽四方之事，軍中之情；」

「爪牙五人。主揚威，激勵三軍；使冒難攻銳，無所疑慮；」

從以上姜太公的說法，腹心類似現代軍隊師級以上的參謀長一職；耳目類似情報、保防、監察人員；爪牙則像是督戰人員。

諸葛亮對以上三種參謀人才，有一定的選擇條件。腹心「必有博聞多智」，耳目要「沈審謹密」，爪牙要「勇悍善敵」，諸葛亮所識與姜太公同！

二十一、謹候

【原典】

夫敗軍喪師，無有不因輕敵而致禍者，故師出以律（註一），失律則凶。律有十五焉。一曰慮（註二），間諜明也；二曰詰（註三），誶候謹（註四）也；三曰勇，敵眾不撓也；四曰廉，見利思義也；五曰平（註五），賞罰均也；六曰忍，善含恥也；

七曰寬，能容眾也；八曰信，重然諾（註六）也；九曰敬，禮賢能也；十曰明，不納讒也；十一曰謹，不違禮也；十二曰仁，善養士卒也；十三曰忠，以身徇（註七）國也；十四曰分，知止足也；十五曰謀，自料知他也。

註釋

註一　律：規律、規範。
註二　慮：深謀遠慮。
註三　詰：盤問、詰問、責問。
註四　誶候謹：利用多種管道來獲知敵情。
註五　平：公平。
註六　諾：答應過的事。
註七　徇：古同殉，殉國也。

〈謹候〉，指細心、明確的偵察敵情，諸葛亮認為謹候不良，導至敗軍喪師，而根源則在一個「律」字。也就是軍隊沒有按照一定的律（規律）出師，「失律則凶」，所以打了敗仗。

孔明指出「律有十五焉」，也就是十五種不會導至敗軍喪師的法則，用肯定說是十五種打勝仗的規則。分述如下：

（一）深謀遠慮，善用情報人員，仔細謀劃探敵計畫。

（二）蒐集敵情，要利用多種管道，交互辨詰察明。
（三）官兵勇敢，面對強敵不退縮，敵眾我寡不屈服。
（四）自守廉潔，利益當前不為所動，不受利惑。
（五）賞罰公平，各級幹部要賞罰公平，處事公正。
（六）忍辱負重，要忍人所不能忍，所謂善含恥也。
（七）心胸寬大，氣度寬廣，能接納異議，包容眾人。
（八）凡事守信，遵守信諾，凡答應之事必須做到。
（九）待人恭敬，禮遇賢能之士，提拔有才德之人。
（十）明辨是非，不聽信讒言，不聞毀謗別人的話。
（十一）謹慎謙遜，做人做事，都不違背道義。
（十二）篤行仁政，有惻隱之心，善待部屬，體恤部下。
（十三）盡忠職守，節操忠貞，能以身殉國。
（十四）嚴守本分，不逾越規矩、不越權，知足常樂。
（十五）有為謀劃，才能知彼知己，洞悉敵我，不出差錯。
〈謹候〉是諸葛亮所述可以打勝仗的十五律，或至少不會敗軍喪師的原則。

此十五大法以十五字代表：慮、詰、勇、廉、平、忍、寬、信、敬、明、謹、仁、忠、分、謀。

仔細檢視這十五字之內涵，可以說用在「修身、齊家、治國、平天下」，都可以全方位運用。故此十五律，已經超越了率軍打仗的高度，若有智者能具備此十五律，他不光是將領，他爭天下可也！

而做為一般人，此十五律亦有大用。畢竟，人生每個道場都是一個戰場，社會就是一個大「江湖」，你若有點企圖心，想要這輩子交出一張自己滿意的成績，則〈謹候〉十五律，是你最好的座佑銘！

二十二、機　形（註一）

【原典】

夫以愚克智，逆也（註二）；以智克愚，順也；以智克智，機也（註三）。其道有三：一曰事，二曰勢，三曰情。事機作而不能應（註四），非智也；勢機動而不能制，非賢也；情機發而不能行，非勇也。善將者，必因機而立勝。

註釋

註一　機形：依據形勢而把握戰機。

註二　逆：違反情理。

註三　機：時機也。

註四　應：回應，採取措施。

在人生戰場上，你每天所碰到的人，而必須與他有所「交流、較勁」者，不外就是兩種人：智、愚兩者。

按諸葛亮所述，笨的人不知用計去對抗善用謀略的智者，實在是違反常情常理。反之，智者戰勝了愚笨者，這是合乎規律，甚至是很自然的。

比較困難、刺激而有挑戰性者，是智者對智者，兩個聰明程度都相當，同樣都是深謀遠慮的高人，此時勝負決定在一個「機」字。也就是那一方能把握時機，就能致勝，握機之道有三：

（一）事：「事機作而不能應，非智也」，事情的變化出現了有利狀況，你卻不能握機採取行動，你非智者。

（二）勢：「勢機動而不能制，非賢者」，形勢的轉變出現了有利狀況，你卻沒有斷然行動，你非智亦非賢者。

（三）情：「情機發而不能行，非勇也」，情勢進展出現有利狀況，你卻不能順勢採取行動，你非智亦非勇者。

你是智者，別人也是智者，能成為智的對手，通常不會是笨人。高手過招，就看你對三機的把握：事機（事情的變）、勢機（形勢的變化）、情機（情勢的變化），把握得越精準，越能制敵取勝。

二十三、重　刑

【原典】

吳起曰：「鼓、鼙、金、鐸（註一），所以威耳；旌幟，所以威目；禁令刑罰，所以威心。耳威以聲，不可不清；目威以容（註二），不可不明；心威以刑，不可不嚴。三者不立，士可怠也。故曰：將之所麾（註三），莫不心移；將之所措，莫不前死矣。」

註釋

註一　鼓鼙金鐸：古代作戰的指揮工具。

註二　容：指軍容。

註三　麾：通揮，指揮之意。

這一小節諸葛亮直接引用《吳起兵法》原文，在〈論將篇〉中，但和吳起的原文有差異：「目威以色」、「三者不立，雖有其國，必敗於敵」、「莫不從移，將之所指，莫不前死」。

二者差異，「目威以色」和「目威以容」類似；「雖有其國，必敗於敵」和「士可怠也」，差別大，尚可接受；但「莫不從移」和「莫不心移」，前者服從命令，後者犯了「抗命罪」，何也？

前者「莫不從移」，是士卒遵從指揮官命令，採取行動。而後者「莫不心移」，指揮官下達命令後，士卒只有「心動」，而沒有「行動」，是名實相符之抗命！

這些吾國古代之兵學寶典，經過幾千年一再重印或抄錄，必有所誤，只能盡量以「原典」為依據。軍隊本來就是一種「殺人凶器」，因此要用重刑加以約制，使其「依法行事」，而不能任人違法私用，成為災難。

為達合法使用之目的，軍令必須「威目、威色、威心」，才能做到「將之所麾，莫不從移，將之所指，莫不前死。」這便是一支能打仗的軍隊，無敵於前的軍隊！

二十四、善　將

【原典】

古之善將者有四：示之以進退，故人知禁；誘之以仁義，故人知禮；重之以是非，故人知勸；決之以賞罰，故人知信。禁、禮、勸、信，師（註一）之大經（註二）也。未有綱（註三）直而目（註四）不舒（註五）也，故能戰必勝，攻必取。

庸將不然，退則不能止，進則不能禁，故與軍同亡。無勸戒則賞罰失度（註六），人不知信，故賢良退伏，諂頑登用（註七），是以戰必敗散也。

註釋

註一　師：此指軍隊。

註二　大經：主要綱領。

註三　綱：比喻事情的重要部分。

註四　目：次要部分。

註五　不舒：不能推行。

註六　失度：意指，賞罰失去公平性或失去意義。

註七　諂頑登用：奸惡小人得到高升重用。

怎樣才是一個好的將領？自古以來就是兵法家論述的重點。孫武、吳起、尉繚子、姜太公、李衛公、黃石公、司馬穰苴、孫臏等名家，無不有「善將」之論。

諸葛亮在〈將苑〉之部，多篇也講「善將」之道。例如〈將材〉、〈將器〉、〈將善〉、〈將強〉、〈將誡〉等。在〈善將〉這一小節，再指出善於帶兵打仗的將領有四種：

（一）明確告知部隊官兵，前進和後退的各種狀況規定，使官兵都知道進退命令，明白軍法深嚴而不能違背。

（二）在平時將領和各級幹部，會用仁義引導官兵，教導士卒仁義道德，當大家都遵守道德規範，也會守軍紀。

（三）身為上級長官的，會對部下反覆強調是非對錯，在士卒心中可以產生潛移默化的作用，官兵得以鼓勵。

（四）賞罰公平，在軍法面前人人平等，賞罰不因地位尊貴而有所不同，這樣全軍官兵都知道遵守信用。

「善將」之反面，是庸將，孔明指出凡軍隊進退無法節制，賞罰不公，沒有勸勉告誡，有才德之人隱沒，而奸惡被重用。凡此，都是庸將，「是以戰必敗散也」！

二十五、審 因

【原典】

夫因人之勢（註一）以伐惡，則黃帝不能與爭威矣。因人之力（註二）以決勝，則湯、武不能與爭功矣。若能審因（註三）而加之威勝，則萬夫之雄將可圖（註四），四海之英豪受制矣。

註釋

註一　因人之勢：順應人心的趨勢。

註二　因人之力：憑藉人民的力量。

註三　審因：衡量局勢的變化發展，順應民心歸向，把握力量的泉源；即所謂看事要能從「因」上看，就可以從因上防止問題的發生，不要「果」出現已來不及了。能如是者，你便是先知。

〈審因〉講的是人民的力量，說的有一點玄。如果能順應民心去討伐邪惡勢力，就能發揮黃帝也不能相比的威力。如果能夠集合人民的力量，就能建立商湯、周武王也達不到的功業。真的是這樣嗎？

檢視古今中外的歷史發展，一切政權的垮台，大約都和失去民心有關，或根本完全喪失民心，終於被「人民的力量」所推翻。這其實不是什麼玄妙之事，在近現代世界有所謂的三大革命：法國大革命、俄國共產革命、中國國民革命，都是憑藉「人民的力量」才成功。

〈審因〉就是在找尋、把握、運用民心，依據人民的力量來完成雄圖大業。古有名言，「得道多助，失道寡助」，這個「道」指的正是民心向背、人民力量，也是戰爭勝敗的關鍵因素。

二十六、兵 勢

【原典】

夫行兵（註一）之勢有三焉：一曰天，二曰地，三曰人。天勢者，日月清明，五星合度（註二），慧孛不殃（註三），風氣調和；地勢者，城峻重崖，洪波千里（註四），石門幽洞，羊腸曲沃（註五）；人勢者，主聖將賢，三軍由禮，士卒用命，糧甲堅備。善將者，因天之時，依人之利，則所向者無敵，所擊者萬全矣。

註釋

註一 行兵：帶兵打仗。

註二　五星合度：五星都在正常軌道上運行，沒有異象。此五星應指，金星、木星、水星、火星、土星。

註三　慧孛不殃：意指，沒有災禍的徵候。孛，古代指光芒照耀的彗星。

註四　洪波千里：河流深廣、波濤洶湧。

註五　羊腸曲沃：意謂小路曲折迂迴。

不光是帶兵打仗，做任何大一點的事想要順利成功，都要創造優勢，使得整體客觀環境對自己有利，才能獲得各方力量的支持，這就是優勢。就「行兵之勢」的優勢創造，諸葛亮指出從三方面著手：

（一）自然形勢：天空清朗，風光明媚，日月和五星都在正常軌道上運行，沒有彗星出現不好兆頭，大氣調和。

（二）地理形勢：利用險阻地形當成壁壘，有深廣的河流做天然屏障，或有小路曲折，或絕崖峻拔都是有利地形。

（三）人事形勢：最高領導聖明，將領賢能，官兵都守法守紀，服從命令；且後勤補給都充足，武器精良。

幾千年來，無數的戰爭，每一場戰役雙方都想取勝，所以雙方也必定在盤算著「天勢、地勢、人事」。此三者每一個都是大問題，要三者都「獲利」更難，在西方戰史上，法國拿破崙和德國希特勒，都發動百萬大軍攻打俄國，結果是被「天勢」（冬天冰寒）打敗，死傷慘重，乃至險些亡國！

二十七、勝　敗

【原典】

賢才居上，不肖居下，三軍悅樂，士卒畏服，相議以勇鬥，相望（註一）以威武，相勸以刑賞，此必勝之征（註二）也。士卒惰慢（註三），三軍數驚，下無禮信，人不畏法，相恐以敵，相語以利，相囑以禍福，相惑以妖言，此必敗之征也。

註釋

註一　相望：相互盼望、崇尚。

註二　征：古通徵，徵兆。

註三　惰慢：懶惰、怠慢。

戰役沒有開打，如何知道勝敗？高明者可從雙方「戰略態勢」預知勝負。另《孫子兵法》有多處預知勝敗的論說，如〈始計篇第一〉「多算勝，少算不勝，而況於無算乎？」另〈謀攻篇第三〉，有「故知勝者有五……」、「知彼知己，百戰不殆；不知彼而知己，一勝一負；不知彼，不知己，每戰必敗。」

可見在沒有開戰之前，有很多方法可以預知勝敗，這些方法唯有智慧者、用心觀察的人知之，進而可以事先做好準備。諸葛孔明如何先知成敗？他從日常生活之徵兆觀察勝敗之軍。

必勝之徵：賢能的人在上位，擔任要職，才能人品差的居下。這樣可以鼓舞三軍士氣，部下都心悅誠服；士卒之間相互討論戰鬥，相互崇尚威武，並以賞罰來相互勸勉，這就是打勝仗軍隊的徵兆。

必敗之徵：軍心渙散，生活隨便，士卒怠懈軍務，經常有小事造成營區慌亂；下級對上級無禮，不守信用，無視軍法軍紀，卻害怕敵人；見利忘義，軍隊流行占卜禍福，妖言盛行，這是打敗仗軍隊的徵兆。

二十八、假　權

【原典】

夫將者，人命之所縣（註一）也，成敗之所繫也，禍福之所倚也，而上不假之（註二）以賞罰，是猶束猿猱之手，而責之以騰捷（註三）；膠離婁（註四）之目，而使之辨青黃，不可得也。

若賞移在權臣，罰不由主將，人苟自利，誰懷鬥心？雖伊、呂（註五）之謀，韓、白（註六）之功，而不能自衛也。故孫武曰：「將之出，君命有所不受。」亞夫（註七）曰：「軍中聞將軍之命，不聞有天子之詔。」

註釋

註一　縣：古通懸，維繫。

註二　假之：授予。

註三　騰捷：捷速靈活地騰躍。

註四　離婁：古代一個眼力很好的人名。

註五　伊、呂：伊尹、呂尚。伊尹，少而好學，長仕於商湯，湯更薦之於夏桀，未獲重用，又歸于湯，如是五次，最後佐湯滅桀。呂尚，太公望，姜太公也，少有奇氣，初仕於紂，因其無道而去，乞食忍飢，在黃河渡口（孟津）賣便當。後逢西伯，尊為尚父，是滅紂興周之功臣，為吾國之名相與兵法家之鼻祖，《姜太公兵法》，乃歷史上《武經七書》之首。

註六　韓、白：韓信、白起。韓信是漢初三傑之一，素有「兵仙」雅名，初屬項羽，後投劉邦，助其統一天下，可惜後來被呂后所殺。白起，戰國四大名將之首，中國歷史上十大名將亦排第三名。在秦趙的長平會戰中，有四十萬趙軍被坑殺，由白起領軍與列國之戰，至少殲敵百萬之眾，因而得「殺神」之名。

註七　亞夫：漢代名將周亞夫。沛郡（今江蘇豐縣）人，七國之亂中，他統帥漢軍，三個月平定叛軍，他也是歷史上著名軍事家。「軍中聞將軍令，不聞天子之詔。」是他留下的名言。

軍隊中的將領必須手握大權，才能帶兵打仗，這可以說是歷史上的共識。孔明把此中原因再比喻闡述，「猶束猿猱之手，而責之以騰捷；膠離婁之目，使之辨青黃，不可得也。」

將軍大權也不能落入政客之手，「若賞移在權臣，罰不由主將，人苟自利，誰懷鬥心？」國家雖有伊尹、姜太公、韓信、白起等人才，也是沒救了！連自衛也不能！

二十九、哀　死（註一）

【原典】

古之善將者，養人（註一）如養己子，有難，則以身先之，有功，則以身後之。傷者，泣而撫之；死者，哀而葬之；饑者，捨食而食之（註二）；寒者，解衣而衣之。智者，禮而祿之（註三）；勇者，賞而勸之（註四）。將能如此，所向必捷矣。

註釋

註一　哀死：哀悼戰死的人。

註二　食之：分送食物。

註三　祿之：依禮重用。

註四　勸之：勉勵。

在冷兵器時代，這一小節所述，歷史上的名將、兵法家都很重視，各家兵學也都有所論說。所謂「饑者，捨食而食之；寒者，解衣而衣之」，以吳起做的最徹底。

到了現代社會，這節所述的作法，身為將領已經不可能照做，只當成一種象徵意義，基本上將領和官兵各有職責。所謂「善將者，養人如養己子，有難，則以身先之……」，可能也違反現代組織管理的原則。

三十、三　賓

【原典】

夫三軍之行也，必有賓客（註一）群議得失，以資將用。有詞若縣流（註二），奇謀不測，博聞廣見，多藝多才，此萬夫之望（註三），可引為上賓。有猛若熊虎，捷若騰猿，剛如鐵石，利若龍泉（註四），此一時之雄，可以為中賓。有多言或中（註五），薄技小才，常人之能，此可引為下賓。

註釋

註一　賓客：將領身旁的參謀。

註二　詞若縣流：口若懸河，能說善道。

註三　望：敬仰。

註四　龍泉：古代著名的寶劍。

註五　多言或中：許多言論中，有些可能是對的。

不論古今，只要是身為一方之領導，任何行業領域，這領導身旁必有幾個「腹心」，即「賓客」。今所謂參謀、幕僚，智囊團是也，層級越高，所需要的智慧、才能越高。諸葛亮把這種智囊團分上、中、下三等。

高級智囊團：思維邏輯精細，辯才無礙，憑藉一張嘴能大敗群儒；其智慧高深，善出奇謀，神鬼莫測；其見聞廣博，多才多藝，為萬眾所敬仰，可引為上賓。這種人才可能百萬人之中，不得其一，極為難得！

中級智囊團：勇氣如猛虎，身體輕捷如猿猴，意志堅定如鋼鐵，其氣神之鋒芒如龍泉寶劍，這是一個時代不可多得的英雄人才，可引為中賓。這種人才大約萬人之中，可得其一。

一般智囊團：洋洋灑灑的提出很多建言，偶爾也會有些可用之策，才能技術比一般人好些，算是具備了比普通人強的能力，可引為下賓。這種人才約在百人之中，有其數人，不難獲得。

三十一、後　應

【原典】

若乃圖難於易，為大於細，先動後用（註一），刑於無刑，此用兵之智也。師徒（註二）已列，戎馬交馳，強弩才臨（註三），短兵又接，乘威布信（註四），敵人告急，此用兵之能也。身衝矢石（註五），爭勝一時，成敗未分，我傷彼死，此用兵之下也。

註釋

註一　圖難於易，為大於細，先動後用：這段話語意大約可以有兩種解讀：第一種：若要能防範未來發生的困境，事後能免除麻煩，要在事情沒有擴大前就解決了，才可以減少負擔。

第二種：處理軍隊事務，先從容易處下手，接著再去完成比較困難的工作，治軍也是同樣道理，先激勵士卒士氣，再談對敵作戰。

註二　師徒：軍隊。

註三　強弩才臨：比喻戰況緊急。

註四　乘威布信：乘我軍威風氣勢，宣佈遵守信用。或意指，乘我軍威風氣勢，軍容壯大之時，對敵人進行心理作戰。

註五　矢石：古代用於作戰的箭和石頭。

〈後應〉一文，諸葛亮談用兵的巧拙，部份詞句有多重解讀。本質上這裡指出三種用兵方法：第一種圖難於易，為大於細，這是一種間接路線思維，主要在採行迂迴策略，不和敵人正面交鋒下取得勝利，也就是上兵伐謀，其次伐交。這是智者的用兵。

第二種，軍隊先完成排兵佈陣，在有利的時機和先佔的優勢，對敵採行迅雷不及掩耳的攻勢，攻其不備，使敵人疲於應付，同時進行心理戰，從而取勝。這是將領用兵的才能。

第三種，將領親自帶領軍隊衝鋒陷陣，死拼硬打，迎面攻敵，這種付出很大代價，勝敗未定而死傷慘重；就算勝利也是慘勝，敵死上千，自死八百，這是用兵的下策，拙劣的用兵方法。

三十二、便　利

【原典】

夫草木叢集，利於遊逸（註一）；重塞（註二）山林，利於不意（註三）；前林無隱，利於潛伏；以少擊眾，利於日莫（註四）；以眾擊寡，利於清晨；張弩長兵（註五），利於捷次（註六）；逾淵隔水，風大暗昧（註七），利於搏前擊後（註八）。

註釋

註一　遊逸：意指部隊隱密移動，或指游擊戰。

註二　重塞：要塞，地勢險要之地。

註三　不意：意料不到。

註四　日莫：莫，古同暮，日暮、天黑。

註五　長兵：古代指長兵器，如弓、矢。

註六　捷次：交替使用。

註七　暗昧：昏暗，不清楚。

註八　搏前擊後：前後夾擊。

〈便利〉一文，講的是統兵打仗在外，任何地形環境都可能碰到，善將者要能充份運用自然環境之地利。決定戰爭勝負的三大基本元素（天、地、人），失去對地利之用，同樣會自陷危亡。如《孫子兵法》〈始計篇第一〉，「地者，遠近，險易，廣狹，死生也。」不能把握地之有利狀況，一樣是生死的全般情勢。

諸葛亮在此論述軍隊在作戰中，如何運用自然環境的有利條件。例如草木密集之地適合游擊戰，森林地區適宜發起奇襲作戰，小部隊攻打大部隊要在黃昏，大部隊打小部隊要在黎明。

如果武器精良，後勤充足，以速戰速決為佳。若與敵隔江河對峙，又吹著猛烈的強風，且視線不良，可以對敵進行前後夾擊的作戰方式。

總之，無論山川、河流、昏暗、狂風、樹林、險阻……對於善於作戰的將領而言，都是我軍可用的有利資源，可用於保護我軍、打擊敵軍。善用地利，正是增加我軍戰力，而削弱敵之戰力！

三十三、應　機（註一）

【原典】

夫必勝之術，合變之形（註二），在於機也。非智者孰能見機而作乎？見機之道，莫先於不意（註三）。故猛獸失險，童子持戟以追之；蜂蠆發毒，壯士彷徨（註四）而失色。以其禍出不圖（註五），變速非慮（註六）也。

註釋

註一　應機：見機行事。

註二　合變之形：掌握瞬息萬變的形勢。

註三　不意：出其不意。

註四　彷徨：徘徊不前。

註五　不圖：無法預料。
註六　變速非慮：變化太快，讓人來不及考慮。

〈應機〉一文，講見機行事，把握機會。看似容易，其實也難，所以孔明才說「非智者，孰能見機而作乎？」。俗言，「機會是留給準備好的人」，沒有準備好，只能眼看著機會跑掉，或落入別人之手，如果落入對手，就對自己更加不利了。

孔明的應機，主要在說明軍隊在戰場上，率軍的將領面對瞬息萬變的戰場狀況，如何掌握戰爭之敵我情勢？以取得最終的勝利，其關鍵就在把握戰機；以我之利，攻敵之不利；以我之實，擊敵之虛。

如果不是有智謀的將領，誰又能在發現戰機而立刻採取行動？孔明指出「見機之道，莫先於不意」。這「不意」二字，實乃兵家之妙也，如《孫子兵法》〈虛實篇第六〉亦說：「出其所不趨，趨其所不意，行千里而不勞者，行于無人之地也；攻而必取者，攻其所不守也。」不意就是致勝之機。

孔明認為，善於作戰的將帥，不光能發現戰機，更能掌握戰機，知道按敵情的變化進行不同作戰方案，隨機應變，出奇制勝，給敵人致命一擊！

三十四、揣　能

【原典】

古之善用兵者，揣（註一）其能而料其勝負。主孰聖也？將孰賢也？吏孰能也？糧餉孰豐也？士卒孰練也？軍容孰整也？戎馬孰逸（註二）也？形勢孰險（註三）也？賓客孰智也？鄰國孰懼（註四）也？財貨孰多也？百姓孰安也？由此觀之，強弱之形，可以決（註五）矣。

註釋

註一　揣：揣度、揣測、揣摩。

註二　逸：安閒，得到休整之意。

註三　險：指地理形勢險峻之一方佔有優勢。

註四　懾：意指，威懾力、威脅。

註五　決：斷定。

〈揣能〉，是揣測敵之虛實、戰力等敵情。這是一件高難度，唯智者能之，在《鬼谷子》一書〈揣情篇〉說，「雖有先王之道，聖智之謀，非揣情、隱匿，無所索之。」沒有做好「揣情」，什麼也得不到！

如何揣情？〈揣情〉篇則說：「揣情者，必以其甚喜之時，往而極其欲也，其有欲也，不能隱其情；必以其甚懼之時，往而極其惡也，其有惡也，不能隱其情。情欲必知其變。」這段話講的是揣情（能）的方法和時機，可用在對人（敵指揮官）或軍隊。

就帶兵打仗的將帥而言，「揣」的內容和對象，包含敵我兩方面。《孫子兵法》〈始計篇第一〉說，「故校之以計，而索其情。曰：主孰有道，將孰有能，天地孰得，法令孰行，兵眾孰強，士卒孰練，賞罰孰明，吾以此知勝負矣。」有七種必揣之情！

孔明在孫武之上，增加到十二揣，在評估敵我雙方戰力更加完整。孔明再增加「吏孰能也？糧餉孰豐也？軍容孰整也？戎馬孰逸也？形勢孰險也？賓客孰智也？鄰國孰懼也？財貨孰多也？百姓孰安也？」

「揣能」的目的在知己知彼，《孫子兵法》〈謀攻篇第三〉說：「知彼知己，百戰不殆；不知彼而知己，一勝一負；不知彼，不知己，每戰必敗。」孔明深得孫武兵學之精微，難怪「死諸葛嚇走生仲達」一語，傳頌了二千多年。至今孔明仍高坐神壇，被所有中國人敬仰！

三十五、輕　戰

【原典】

螯蟲之觸（註一），負其毒也；戰士能勇，恃其備（註二）也。所以鋒銳甲堅，則人輕戰（註三）。故甲（註四）不堅密（註五），與肉袒同；射不能中，與無矢同；中不能入（註六），與無鏃（註七）同；探候不謹（註八），與無目同；將帥不勇，與無將同。

註釋

註一　觸：刺人。

註二　備：意指武器、裝備。

註三　輕戰：不怕作戰。

註四　甲：此指古代軍隊中的個人裝備，如鎧甲、盔甲等。

註五　堅密：堅固。

註六　入：意指傷人。

註七　鏃：箭頭。

註八　探候不謹：偵察不夠周詳。

〈輕戰〉一文，講的是如何使官兵不怕作戰？這是一個涉及範疇很廣的命題，幾乎包含了建軍備戰的所有項目。只要有一點不好（例如二〇二二年間，俄烏之戰正在打，但傳出俄製防彈衣品質不好，必使士卒害怕打仗。）不僅不能「輕戰」，反成了「懼戰」。

所以古代的中國兵法家們，都很重視建軍備戰工作，從全方位的準備，做到使官兵「輕戰」。在《吳起兵法》〈治兵篇〉，有一段吳起和武侯的對話：

武侯問曰：「進兵之道何先？」

起對曰：「先明四輕、二重、一信。」

曰：「何謂也？」

對曰：「使地輕馬，馬輕車，車輕人，人輕戰。明知險易，則地輕馬。芻秣以時，則馬輕車。膏鐗有餘，則車輕人。鋒銳甲堅，則人輕戰。進有重賞，退有重刑，行之以信。審能達此，勝之主也。」

這段對話，吳起論述了要讓使士卒「輕戰」，有很多必須要完成的準備工作，例如「地輕馬、馬輕車、車輕人」，最後才能做到「人輕戰」。

孔明必然也熟讀了《吳起兵法》，才悟出「蝥蟲之觸，負其毒也；戰士能勇，恃其備也。所以鋒銳甲堅，則人輕戰。」孔明強調備戰的問題，不打沒有準備的仗，有備無患也就不怕作戰了。

三十六、地　勢

【原典】

夫地勢者，兵之助也。不知戰地而求勝者，未之有也。山林土陵，丘阜大川（註一），此步兵之地；土高山狹，蔓衍相屬（註二），此車騎之地；依山附澗，高林深谷，此弓弩之地；草淺土平，可前可後，此長戟之地；蘆葦相參，竹樹交映，此鎗矛之地也。

註釋

註一　大川：此指平原。

註二　蔓衍相屬：比喻廣延伸展，相連不斷。

地形地勢是作戰的輔助條件，不能準確把握戰場之地形地勢，就能打勝仗，這種事從來沒有。所以《孫子兵法》〈地形篇第十〉說，「夫地形者，兵之助也。料敵制勝，計險阨遠近，上將之道也。」

諸葛亮在此提出，身為將領要能善用地形地勢，成為增強我軍戰力的助力，並成為削弱敵軍戰力的天然障礙。所以孔明指出適合兵種作戰的地理條件：

適合步兵作戰的地理條件：山林、丘陵、平原。

適合車騎作戰的地理條件：山高路狹、廣延相連。

適合弓箭手作戰的地理條件：背著山靠近河谷，樹木高大，密林深幽。

適合長戟兵器作戰的地理條件：在平坦而草低，可自由進退的地方。

適合長鎗長矛作戰的地理條件：蘆葦雜草叢生，竹林樹木交錯的地方。

所謂「夫地勢者，兵之助也。」不論古代的冷兵器時代，或現代熱兵器之科技時代，始終是不變的硬道，人在地上活動，必受制於「地」。現代不光地形、地勢，「地緣之戰」，更上升到史無前例的熱門高度，俄烏之戰不休，只因「地緣」二字，給俄國人帶來不安全感而起的「抗戰」！

三十七、情　勢（註一）

【原典】

夫將有勇而輕死（註二）者，有急而心速（註三）者，有貪而喜利者，有仁而不忍（註四）者，有智而心怯者，有謀而情緩（註五）者。是故勇而輕死者，可暴（註六）也；急而心速者，可久也（註七）；貪而喜利者，可遺（註八）也；仁而不忍者，可勞（註九）也；智而心怯者，可窘（註十）也；謀而情緩者，可襲也。

註釋

註一　情勢：此處指將領的性情、個性，對作戰的影響。

註二　輕死：不怕死。

註三　心速：求勝心切。

註四　不忍：心軟。

註五　情緩：猶豫不決。

註六　暴：激怒。

註七　久：拖延、持久。

註八　遺：賄賂。

註九　勞：疲困。

註十　窘：使陷於兩難困境。

〈情勢〉一文，說明人都沒有完美無缺的，不論看起來多麼神聖、完美的人，仔細去「解剖」必有弱點，甚至是致命的缺點，若受制於人，可能死路一條。

例如孔明所舉這幾種將領：勇而輕死、急而心速、貪而喜利、仁而不忍、智而心怯、謀而情緩。如果敵方將領有此六種性情之人，孔明有辦法：

對於敵方勇敢不怕死的將領，這種性格的人通常魯莽，又經不起激，所以要設法激怒他，使他失去判斷力。

對於敵方性情急躁的將領，這種性格的人沉不住氣，一味求快，所以要設法慢慢拖延，和他打一場持久戰。

對於敵方貪婪又好利的將領，這種人的性格見利忘義，最好的策略就是利誘，所以設法從暗中去賄賂他。

對於敵方仁慈而心軟的將領，這種人的性格有仁慈心，設法製造許多軍務問題讓他處理，使他疲於奔命。

對於敵方有智謀但膽小的將領，這種人的性格就是怕事，所以要設法步步進逼，使他陷入窘困的情勢中。

對於敵方有謀略但猶豫不決的將領，這種人的性格就是下不了決心，所以要快速行動，以迅雷不及之勢必可打敗他。

《孫子兵法》〈九變篇第八〉也說：「故將有五危：必死可殺，必生可虜，忿速可侮，廉潔可辱，愛民可煩。凡此五危，將之過也，用兵之災也。覆軍殺將，必以五危，不可不察也。」可見要成為一個「善將者」，是多麼的不容易。

孔明在此指出，針對敵方將領不同的性格，要採取不同的策略。這無非就是利用人性的弱點，因人而制宜，造成敵方一連串的失誤，最終為我所用，達到因敵而致勝的目的。

三十八、擊　勢（註一）

【原典】

古之善鬥者，必先探敵情而後圖之。凡師老（註二）糧絕，百姓愁怨（註三），軍令不習（註四），器械不修，計不先設（註五），外救不至，將吏刻剝（註六），賞罰輕懈，營伍（註七）失次，戰勝而驕，可以攻之。若用賢授能，糧食羨餘，甲兵堅利，四鄰和睦，大國應援，敵有此者，引而計之（註八）。

註釋

註一　擊勢：可以對敵發起攻擊的情勢。

註二　師老：戰爭久拖，軍隊疲困，戰力削弱。

註三　愁怨：生活壓力大，內心不滿。
註四　不習：不熟悉。
註五　計不先設：事前沒有周詳的計畫。
註六　刻剝：刻薄無度。
註七　營伍：軍隊，或指軍隊編組。
註八　引而計之：退而另謀打算。

〈擊勢〉一文，諸葛亮闡明可以對敵發起攻擊的情勢，以及不能發起攻擊的情勢。這兩個「時間點」的把握，是我國自古以來的兵法家、軍事家所必須精準理解和掌握，因為事關勝敗存亡。

如何避免師老兵疲，也是歷史兵家所警惕。如《孫子兵法》〈作戰篇第二〉言，「久則鈍兵挫銳，攻城則力屈，久暴師則國用不足。夫鈍兵，挫銳，屈力，殫貨，則諸侯乘其弊而起，雖有智者，不能善其後矣！」如果發現敵國有以上諸狀況，正是孔明所示發起攻擊的時候。

〈擊勢〉重點在「知彼」，孔明也指出敵國有以下情勢，就不要去攻打：如軍隊用賢能人才，資源豐富，兵強馬壯，邦交和睦又有大國當靠山，凡此就另作打算。

一場戰爭能不能打勝？該不該發動？戰前都從「知彼」和「知己」下功夫研究，評估敵我「擊勢」，才能「勝乃可全」。如《孫子兵法》〈地形篇第十〉曰：

知吾卒之可以擊，而不知敵之不可擊，勝之半也；知敵之可擊，而不知吾卒之不可擊，勝之半也。知敵之可擊，知吾卒之可以擊，而不知地形之不可以戰，勝之半也。故知兵者，動而不迷，舉而不窮。故曰：知彼知己，勝乃不殆；知天知地，勝乃可全。

所以戰爭成敗關係到國家存亡，「擊勢」也是一種慎戰思維。仗能不能打？除了知彼知己，還要知天知地，如果這些「擊勢」都有利，就放心的打這場仗吧！

三十九、整　師（註一）

【原典】

夫出師行軍（註二），以整（註三）為勝，若賞罰不明，法令不信，金之不止，鼓之不進，雖有百萬之師，無益於用。所謂整師者，居則有禮，動則有威，進不可擋，退不可逼（註四）。前後應接（註五），左右應旋（註六），而不與之危（註七），其眾可合（註八）而不可離（註九），可用而不可疲（註十）矣。

註釋

註一　整師：意指，軍容、軍紀。

註二　出師行軍：出兵打仗。

註三　整：嚴整，指軍隊行動統一、整齊。
註四　不可逼：不受逼迫。
註五　應接：指部隊之間的相互呼應、連絡。
註六　應旍：意指，部隊之間的指揮、掌握、相互配合。
註七　不與之危：不會相互造成危害。
註八　其眾可合：意指，軍隊團結。
註九　不可離：不會被離間。
註十　可用而不可疲：可用於作戰而不會使之疲困。

〈整師〉講的是出兵打仗，依靠嚴整來取得勝利，也就是自古以來指揮、掌握、連絡的問題。一支作戰的部隊，不論千人萬人之眾，都必須在統一指揮之下，統一行動。即現代軍隊所謂「一個命令，一個動作」。如是者，便是「進不可擋，退不可逼」之雄師。

分散開來，執行不同任務，各分支部隊依然是前後呼應，左右相互配，連絡無間。這樣的軍隊仍是整師，「其眾可合而不可離，可用而不可疲矣」，就是一個能打勝仗的鋼鐵勁旅。

四十、厲　士（註一）

【原典】

夫用兵之道，尊之以爵，贍（註二）之以財，則士（註三）無不至矣；接之以禮，厲之以信，則士無不死（註四）矣；畜恩（註五）不倦，法若畫一（註六），則士無不服矣；先之以身（註七），後之以人（註八），則士無不勇矣；小善必錄，小功必賞，則士無不勸（註九）矣。

註釋

註一　厲士：厲，古同勵，鼓舞士氣。

註二　贍：封賞。

註三　士：此處特指軍隊官兵而言。

註四　士無不死：官兵無不拼死作戰。

註五　畜恩：不斷地給予恩惠。

註六　法若畫一：公平執法。

註七　先之以身：此指將領以身作則，或身先士卒。

註八　後之以人：意指，軍隊作戰時，遇撤退狀況，將領親自以身殿後（今稱斷後），以掩護主力安全撤退。

註九　勸：受到鼓舞。

俗言，「鳥為食亡，人為財死」，這有點諷刺。但古來國家為富國強兵，必須建立強大軍隊，就要吸引人才，用的方法也是「以財誘人」。如孔明說的「用兵之道，尊之以爵，贍之以財，則士無不至矣。」古今如斯，「利誘」如一把萬能工具。

這道理很簡單，姜太公用「釣魚」來形容。太公說：「緡微餌明，小魚食之；緡調餌香，中魚食之；緡隆餌豐，大魚食之。夫魚食其餌，乃牽於緡；人食其祿，乃服於君。故以餌取魚，魚可殺；以祿取人，人可竭。」越是高等的人才，越需要用大的利益才能「釣」到。

將領之「先之以身，後之以人」，通常只是象徵意義，不會真正去落實。身為將領要指揮全軍，為成敗負責，身先士卒去帶頭衝鋒，撤退時親自斷後，不僅違反組織管理原則，也違背戰術戰略原則。

四十一、自　勉

【原典】

聖人則天（註一），賢者法地（註二），智者則古（註三）。驕者招毀，妄者稔（註四）禍，多語者寡信（註五），自奉（註六）者少恩，賞於無功者離（註七），罰加無罪者怨，喜怒不當者滅（註八）。

註釋

註一　則天：以天道為效法準則。

註二　法地：以自然法則為效法對象。

註三　則古：以古人的經驗為效法標準。

註四　稔：稔知，熟悉。

註五　多語者寡信：意說，話很多的人，他所說的話大多是不可信。

註六　自奉：此指自我標榜的人，或只顧自己享受而不顧他人的人。

註七　離：此指離心離德。

註八　滅：此指自取滅亡。

不論是否為將，只要身為一方領導人物，能夠「則天、法地、則古」，他便是一個很有智慧的人。諸葛亮在〈自勉〉一文，正是指出為將貴在自知之明，要經常自勉，「三省吾身」，就不容易犯錯。

諸葛亮特別警示為將之人，更應該注重言行，修養品德，「驕者招毀，妄者稔禍，多語者寡信，自奉者少恩」。凡此，都是為將之人，乃至一方領導，不該犯的錯，若有一二皆可能自取滅亡。

四十二、戰　道（註一）

【原典】

夫林戰之道，晝廣旌旗，夜多金鼓，利用短兵（註二），巧在設伏，或攻於前，或發於後。叢戰之道，利在劍盾，將欲圖之（註三），先度其路（註四），十里一場（註五），五里一應（註六），偃戢（註七）旌旗，特嚴金鼓（註八），令賊無措手足。

谷戰之道，巧於設伏，利於勇鬥，輕足（註九）之士凌其高，必死之士殿其後，列強弩而衝之，持短兵而繼之，彼不得前，我不得往。

水戰之道，利在舟楫（註十）練習士卒以乘之，多張旗幟以惑，嚴（註十一）弓弩以中（註十二）之，持短兵以捍之，設堅柵以衛之，順其流而擊之。

夜戰之道，利在機密，或潛（註十三）師以衝之，以出其不意，或多火鼓，以亂其耳目，馳而攻之，可以勝矣。

註釋

註一　戰道：意指，不同環境的作戰原則。
註二　短兵：短小的兵器。
註三　將欲圖之：將要對敵發起作戰之前。
註四　先度其路：先研究、分析敵軍的進出路線。
註五　場：此指大的哨所。
註六　應：此指小的哨所。
註七　偃戢：掩藏。
註八　特嚴金鼓：意指管控並藏好金鼓，不發出聲音，也不要被敵人發現。
註九　輕足：身手矯捷者。
註十　舟楫：指古代的船。
註十一　嚴：強勢、凌厲。

註十二　中：意指射擊。

註十三　潛：隱藏。

森林作戰之法則：白天要把旗幟高高插起來，夜晚要多鳴擊金鼓，迷惑敵人，用刀劍殺敵；晚上有利於設伏兵，或攻敵前，或擾敵後，以亂其軍心，相機出擊。

叢林作戰之法則：有利於刀劍盾牌的運用，要多方面偵測敵之進出路線，十里設一大哨所，五里設一小哨所；金鼓旗幟藏好，有利於奇襲。

谷地作戰之法則：巧妙設伏，安排身手矯捷者從高處發起攻擊，勇者從敵後奇擊；用強勢弓弩對敵射擊，手持短兵器士卒接替於後，使敵不能前進，而我軍也不攻過去。

水上作戰之法則：水兵要多操練駕馭船隻，船上多掛旗幟可迷惑敵軍，用凌厲的弓弩阻擋敵人；短兵器較方便作戰，設置柵欄可阻絕敵人入侵，或順著水流的方向攻擊較有利。

夜晚作戰之法則：夜戰貴在行動保密，也有利於突襲作戰；必要時可多用火把、戰鼓，可以迷惑敵之耳目，增加心理威懾力，只要能攻其不意，必可取勝。

一支軍隊在外作戰，任何地形、環境都可能碰到，或許一天之內就碰到森林、谷地、平原、河川、夜間作戰等。孔明指出了不同地形環境，應有不同的作戰法則，為將者不可不知！

四十三、和　人

【原典】

夫用兵之道，在於人和，人和則不勸而自戰（註一）矣。若相吏相猜，士卒不服，忠謀不用，群下謗議，讒慝（註二）互生，雖有湯、武之智，而不能取勝於匹夫（註三），況眾人乎？

註釋

註一　自戰：自動作戰。

註二　慝：暗中傷人。

註三　匹夫：此指一般人。

諸葛亮在此強調人和的重要，孟子也早有「天時不如地利，地利不如人和」

之言。俗亦言「人心齊，泰山移」，可見「得人」（得民心），是得到其他之前提。

在天、地、人三者之中，人之所最難得，因為天和地的條件變動不大，甚至是固定的。而人的因素則瞬息萬變，人太複雜，今日效忠，明日可能背叛。故人和最難，能得人者，必能得其所要，包含打勝仗！

四十四、察　情（註一）

【原典】

夫兵起（註二）而靜者，恃其險也；迫而挑戰者，欲人之進（註三）也；眾樹動者，車來也；塵土卑而廣（註四）者，徒（註五）來也；辭強而進驅者（註六），退也；半進而半退者，誘也；杖而行者，饑也。

見利而不進者，勞也；鳥集者，虛也（註七）；夜呼者，恐也；軍擾（註八）者，將不重也；旌旗動者，亂也；吏怒者，倦也；數賞（註九）者，窘（註十）也；數罰者，困也；來委謝（註十一）者，欲休息也；幣重（註十二）而言甘者，誘也。

註釋

註一　察情：指戰場上各種狀況情勢、徵候出現時，所進行的觀察、分析和判斷。

註二　兵起：作戰已經開打。

註三　欲人之進：意說，引誘我軍出擊。

註四　塵土卑而廣：灰塵飛揚不高，但散佈範圍廣泛。

註五　徒：此指步兵。

註六　辭強而進趨者：意說，敵方派來的軍隊特使，言詞表現很強硬，並且示意就要對我方陣營發動攻擊。

註七　鳥集者，虛也：意說，在敵軍駐守的營區內，看到有鳥類群集，這個營區必然是空的，無軍隊駐守了！

註八　軍擾：營區混亂。

註九　數賞：一再進行獎賞。

註十　窘：處境困難。

註十一　委謝：低調謝罪求和。

註十二　幣重：豐厚的禮物。

敵我兩軍在戰場上廝殺，各方都會極為小心，我軍幹部有的能耐，敵方也通常俱備。因此，戰場上出現的各種狀況徵候，都很細微，觀察這些細微徵候，不僅需要專業知識，也要敏銳的觀察力，能見人所未見。

諸葛亮指出將領必須俱備這些觀察力，從樹動、塵土、飛鳥等之徵候，正確推測敵軍的行動和狀況，在「知彼」的條件下，調整相應作戰方案，才是致勝保證。

對於戰場徵候狀況陳述最完整，在《孫子兵法》〈行軍篇第九〉，諸葛亮的〈察情〉一文也是引述孫子所述，引部份孫子的原典供參考：

> 敵近而靜者，恃其險也。遠而挑戰者，欲人之進也。其所居易者，利也。眾樹動者，來也。眾草多障者，疑也。鳥起者，伏也。獸駭者，覆也。塵高而銳者，車來也；卑而廣者，徒來也；散而條達者，樵採也；少而往來者，營軍也。辭卑而益備者，進也。辭強而進趨者，退也。……杖而立者，飢也。汲而先飲者，渴也。見利而不進者，勞也。鳥集者，虛也。夜呼者，恐也。軍擾者，將不重也。旌旗動者，亂也。吏怒者，倦也。……必謹察之。

四十五、將　情（註一）

【原典】

夫為將之道，軍井未汲（註二），將不言渴；軍食未熟，將不言饑；軍火未然（註三），將不言寒；軍幕未施，將不言困（註四）。夏不操扇，雨不張蓋（註五），與眾同也。

註釋

註一　將情：此指將領的風格和領導統御。

註二　汲：用桶從井中取水。

註三　然：古同燃。

註四　困：疲困。

註五　蓋：古代類似今之雨傘。

古代的將領最高要求標準，幾乎是接近聖人的「全能」者（現代將領似不需如此，尤其如〈將情〉所述，現代將領都碰不到，或頂多具備象徵意義就好。）古代將領除了要有將才，也強調德行感化的重要。諸葛亮更是千年難有的典範人物，他一生嚴於律己，事必躬親，鞠躬盡悴，死而後已，他的德行影響所有官兵。

四十六、威　令

【原典】

夫一人之身（註一），百萬之眾，束肩斂息（註二），重足俯聽（註三），莫敢仰視者，法制使然也。若乃上無刑法，下無禮義，雖貴有天下，富有四海，而不能自免（註四）者，桀紂之類也。夫以匹夫之刑令以賞罰，而人不能逆其命者，孫武、穰苴（註五）之類也。故令不可輕，勢不可逆（註六）。

註釋

註一　一人之身：指身為將帥之個人。

註二　束肩斂息：肩併肩、屏息呼吸，形容肅靜。

註三　重足俯聽：立正站著聽訓。長官在上，聽者在下，故稱俯聽；或稱垂頭傾聽，才有「莫敢仰視」句。

註四　不能自免：不可避免的自取滅亡。

註五　穰苴：司馬穰苴，本姓田，名穰苴，是吾國春秋晚期齊景公時代的大司馬（軍事首長）。司馬是周代的官名，後成為姓，世傳有《司馬穰苴兵法》，或簡稱《司馬法》，為中國歷史上《武經七書》之一，重要之武學寶典。

註六　勢不可逆：意說，將帥之威勢不可違背。

諸葛亮強調申明法令的重要，只有加強法制，嚴肅軍紀，才能振興軍威。如果做不到，就算富甲天下，貴為天子，也會自取滅亡，如桀紂之類。反之，像孫武、司馬穰苴，雖以一「匹夫」，因能申明法制，而使「人不能逆其命者」，能統軍作戰。故「令不可輕，勢不可逆」，其理甚明。

讀諸葛亮這段〈威令〉，不得不叫人想起「揮淚斬馬謖」一事，軍令森嚴必須執行，若不執行等於廢了軍令。但同樣也是違反軍令，必須處斬的關公（羽），卻沒有執行，這或許另有故事可說。

四十七、東　夷

【原典】

東夷（註一）之性，薄禮少義，捍急能鬥，依山塹海（註二），憑險自固。上下和睦，百姓安樂，未可圖也（註三）。若上亂下離，則可以行間（註四），間起則隙（註五）生，隙生則修德以來之（註六），固甲兵（註七）而擊之，其勢必克也。

註釋

註一　東夷：或稱夷，先秦時期是指居住在黃河流域下游的夷人，最早在商代甲骨文記錄著，夷和商人發生戰爭。傳說有九夷、淮夷、鳥夷、嵎夷之分，周朝時稱「東夷」，有徐國、萊國、郯國等諸侯國家，是漢族的祖先。

註二　塹：天然的險阻。
註三　未可圖也：無法圖謀攻打。
註四　行間：進行離間顛覆工作。
註五　隙：誤會。
註六　修德以來之：用仁義道德招撫他們。
註七　固甲兵：強大的軍隊。

夷夏之防，是中國古代中央王朝（中國）治國方略之一。〈東夷〉、〈南蠻〉、〈西戎〉、〈北狄〉四篇短文，是諸葛亮對於給蜀國帶來不安，所制訂的策略，對東夷是亂中取勝，對南蠻速戰速決，對北狄要以逸待勞，對西戎則等待「鷸蚌相爭」的機會。這些策略的使用，軍事作戰也會有參考價值。

有心要圖謀、攻打某一國家，諸葛亮在〈東夷〉一文的策略為上策。乘其「上亂下離，則可以行間，間起則隙生，隙生則修德以來之。」在每個時代，乃至現代國際社會，天天上演著類似的戲，只是把「修德」，改成「民主」或「人權」，則顛而覆之，「其勢必克」也！

四十八、南 蠻

【原典】

南蠻（註一）多種（註二），性不能教，連合朋黨，失意（註三）則相攻。居洞依山，或聚或散，西至昆侖，東至洋海，海產奇貨，故人貪而勇戰。春夏多疾疫，利在疾戰（註四），不可久師（註五）也。

註釋

註一 南蠻：南蠻，上古中原一帶對南方各族的稱呼，到周朝時期稱「蠻」尚有：越、庸、百濮、巴、蜀、僬僥、三苗等各部落。到了三國時代，南蠻大約從鄂西、湘西，延伸到雲貴一帶，許多少數民族。

註二 多種：多種族、民族。

註三　失意：不合自己意願。

註四　疾戰：速戰速決。

註五　久師：長時間作戰。

蜀漢建興三年（二二五年），諸葛亮征南，又叫南中平定之戰，時有朱褒、雍闓、高定、孟獲等叛變，諸葛亮率大軍平定，亦為北伐大業消除後患。朱褒，朱提郡（今雲南省昭通市為治所）人，為牂柯郡（約今貴州貴陽）太守。雍闓（也作雍凱），益州（今四川盆地、漢中一帶）耆帥。高定，也作高定元，越嶲（約今四川西昌東南）之夷王。孟獲，南中一帶豪強，投降蜀漢後，官至御史中丞，留下「孔明七擒孟獲」之名。

諸葛亮平定南蠻，從建興三年三月到次年二月。蜀漢在南中建立統治，打破這一帶的閉塞狀態，加強各少數民族同漢族聯繫，對南中開發有積極意義。

四十九、西　戎

【原典】

西戎（註一）之性，勇悍好利，或城居，或野處（註二），米糧少，金貝（註三）多，故人勇戰鬥，難敗。自磧石（註四）以西，諸戎種繁，地廣形險，俗負強很（註五），故人多不臣（註六）。當候之以外釁（註七），伺之以內亂，則可破矣。

註釋

註一　西戎：在西周時期，對西方各部落泛稱西戎，戰國時期對西方非漢族亦叫西戎。秦漢以後的西戎有：吐谷渾、焉耆、龜茲、大宛、高昌、疏勒、羌族、吐火羅、獅子、黨項羌等數十，後來都漸漸歸順中原的漢族政權，成為今之中華民族。

註二　野處：居住在荒野。

註三　金貝：金銀財寶。

註四　磧石：沙漠。

註五　俗負強很：習俗強暴兇狠。

註六　不臣：不稱臣、不臣服。

註七　外釁：外來的侵擾。

《戰國策》〈燕策二〉中記載：「蚌方出曝，而鷸啄其肉，蚌合而鉗其啄。鷸曰：『今日不雨，明日不雨，即有死蚌。』蚌亦謂鷸曰：『今日不出，明日不出，即有死鷸。』兩者不肯相捨，漁者得而並擒之」。

諸葛亮想要平定西戎的策略，就在等「鷸蚌相爭，漁翁得利」的機會。西戎各族兇狠桀驁，難以令其臣服，只有待其內部動亂，才有機會征服。

五十、北 狄

【原典】

北狄（註一）居無城郭，隨逐水草，勢利（註二）則南侵，勢失（註三）則北循，長山（註四）廣磧（註五），足以自衛，饑則捕獸飲乳，寒則寢皮服裘，奔走射獵，以殺為務（註六），未可以道德懷（註七）之，未可以兵戎服之。

漢不與戰，其略（註八）有三。漢卒且耕且戰，故疲而怯（註九）；虜但牧獵，故逸而勇（註十）。以疲敵逸，以怯敵勇，不相當也，此不可戰一也。

漢長於步，日馳百里（註十一）；虜長於騎，日乃倍之（註十二）。漢逐虜則齎糧負甲（註十三）而隨之，虜逐漢則驅疾騎而運之（註十四），運負之勢（註十五）已殊，走逐之形（註十六）不等，此不可戰二也。

漢戰多步，虜戰多騎，爭地形之勢（註十七），則騎疾於步，遲疾勢縣（註十八），此不可戰三也。不得已，則莫若守邊（註十九）。

守邊之道，揀良將而任之，訓銳士（註二十）而禦之，廣營田（註二一）而實之，設烽堠（註二二）而待之，候其虛而乘之，因其衰而取之。所謂資不費（註二三）而寇自除矣，人不疾而虜自寬（註二四）矣。

註釋

註一　北狄：北狄，周朝時對中原以北各部落的稱呼，春秋時有白狄、赤狄和長狄等，常和西戎並稱「狄戎」。漢朝以後，北狄指東胡、匈奴、高車、鮮卑、突厥、蒙古等草原民族，這和先秦時期的北狄，沒有任何關係。但按《山海經》記載，北狄源自黃帝之孫始均，所以同是「炎黃子孫」。

註二　勢利：形勢有利。

註三　勢失：形勢不利。

註四　長山：此指陰山山脈。東起河北省西北部的樺山，西止於內蒙古巴彥淖爾盟中部的狼山，東西長一千二百公里，南北約五十到一百公里，是古代漢族生活區之最北緣。

註五　廣磧：廣大的沙漠。

註六　以殺為務：意說，以捕殺野獸為主要生活型態。

註七　懷：感化。

註八　略：理由、方法。

註九　疲而怯：疲困且顧慮多，所以膽怯。

註十　逸而勇：意說，掌握了主動權，所以自由又勇敢。

註十一　日馳百里：指步兵一天走百里。

註十二　日乃倍之：指騎兵一日可走步兵的幾倍里程。

註十三　齎糧負甲：齎，抱著。句意，背負著糧食與裝備。

註十四　驅疾騎而運之：運用戰馬做為運輸工具。

註十五　運負之勢：指運輸工具和方法。

註十六　走逐之形：指雙方追逐的方式。

註十七　爭地形之勢：爭取有利地形地勢。

註十八　遲疾勢縣：縣，古同懸。句意，快慢的速度相差太大。

註十九　守邊：守衛邊疆。
註二十　銳士：軍隊中之精銳。
註二一　廣營田：大規模實行屯田政策。
註二二　烽堠：烽火台。
註二三　資不費：不會消耗國家太多資源。
註二四　虜自寬：敵人自行土崩瓦解。

在冷兵器時代的幾千年（從商、周到十九世紀上半），中國的敵人大致來自北方和西北方的遊牧民族，因為生活型態不同，使用的戰爭武器、裝備也不同。就機動力而言，遊牧民族比漢民族強大很多，但最終漢民族克服所有弱點，戰勝遊牧民族，並把他們都融合入中華民族。

諸葛亮在〈北狄〉一文，列舉三個漢民族不能與北狄作戰的理由，北狄軍力有三大強點，而漢軍有三大弱點，所以漢軍不能戰。似乎太消極，孔明所舉的問題，秦漢以後都有克服的辦法。

諸葛亮不與北狄作戰，應是不想以己之短去對敵之長，就只好先採守勢，以逸待勞，等敵人內部有亂，再攻其不備，以最小損失來獲取勝利。

第二部　便宜十六策

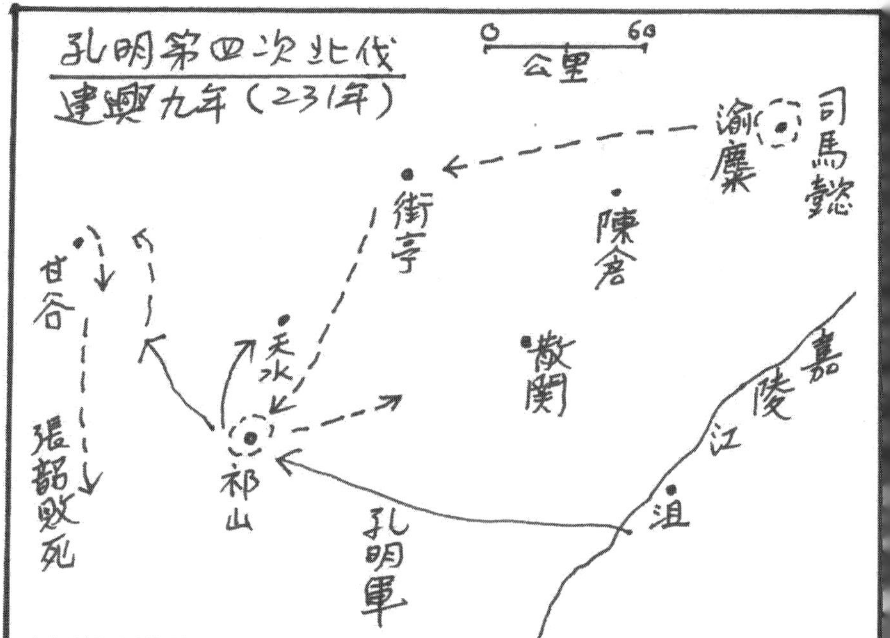

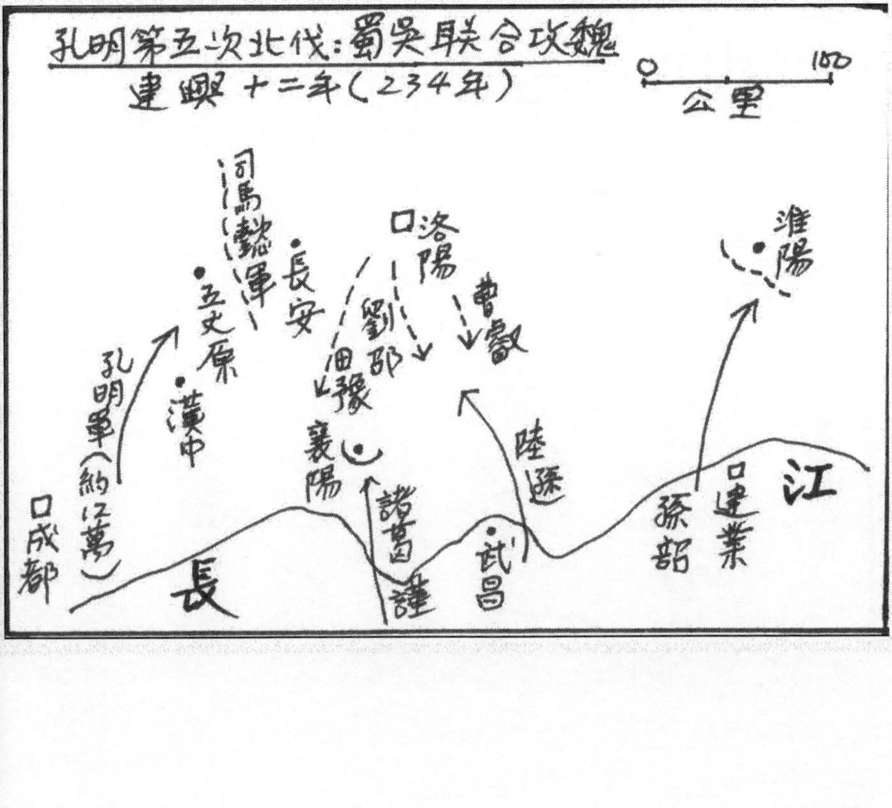
孔明第五次北伐：蜀吳聯合攻魏
建興十二年（234年）
0
100
公里
司馬懿軍
洛陽
淮陽
五丈原
長安
曹叡
劉邵
田豫
孔明軍（約12萬）
漢中
襄陽
陸遜
諸葛瑾
武昌
建業
孫韶
成都
長
江

一、治國

【原典】

治國之政（註一），其猶治家。治家者務立其本，本立則末正（註二）矣。夫本者，倡始（註三）也，末者，應和（註四）也。倡始者，天地也，應和者，萬物也。萬物之事，非天不生，非地不長，非人不成。故人君舉措（註五）應天（註六），若北辰（註七）為之主，台輔（註八）為之臣佐，列宿（註九）為之官屬，眾星為之人民也。

是以北辰不可變改，台輔不可失度，列宿不可錯繆（註十），此天之象也。故立台榭（註十一）以觀天文，郊祀（註十二）、逆氣（註十三）以配神靈，所以務天之本（註十四）。耕農、社稷（註十五）、山澤、祀祠（

註十六）祈福，所以務地之本（註十七）也。

庠序（註十八）之禮，八佾（註十九）之樂，明堂（註二十）辟雍（註二一），高牆（註二二）宗廟（註二三），所以務人之本（註二四）也。故本者，經常之法（註二五）。規矩之要，圓鑿不可以方枘（註二六），鉛刀不可以砍伐。

此非常用之事不能成其功（註二七），非常用之器（註二八）不可成其巧。故天失其常，則有逆氣，地失其常，則有枯敗，人失其常（註二九），則有患害。《經》（註三十）曰：「非先王之法服（註三一）不敢服（註三二）」，引之謂也（註三三）。

註釋

註一　政：此指原則。

註二　本立則末正：意說，只要根本都確立了，其他細微末節就會順利發展。

註三　倡始：開始、開端。

註四　應和：意指，與「本」相呼應的事物。

註五　舉措：所做所為。

註六　應天：順應天理。

註七　北辰：北極星。

註八　台輔：宰相。

註九　列宿：即二十八星宿。

註十　錯繆：雜亂無章。

註十一　台榭：高臺。

註十二　郊祀：古代以天為父之象徵，以地為母之象徵。所以統治者按禮儀在郊外，舉行祭拜皇天和后土的儀式，就是郊祀。

註十三　逆氣：避免不祥之氣。

註十四　務天之本：致力於天道的根本事業。

註十五　社稷：古代指祭祀土地五穀的神。

註十六　祀祠：建立宗廟。

註十七　務地之本：致力於大地的根本事業。

註十八　庠序：庠和序，都是古代學校的名稱。《孟子》〈梁惠王上〉：「謹庠序之教，申之以孝悌之義。」漢．班固〈東都賦〉：「是以四海之內學校如林，庠序盈門。」

註十九　八佾：中國古代的祭祀舞蹈，其最高規格為天子所用。表演者分縱橫八列，每列八人，共六十四人。按《周禮》規則，天子八佾，諸侯六，卿大夫四，士二等是也。

註二十　明堂：古代帝王宣明政教的地方。

註二一　辟雍：又叫璧雍、辟雝，是西周時的大學，屬於貴族學校，貴族子弟都在裡面學習各種功課。《禮記》〈王制〉：「大學在郊，天子曰辟雍，諸侯曰泮宮。」《五經通義》：「天子立辟雍者何？所以行禮樂，宣教化，教導天下之人，使為士君子，養三老，事五更，與諸侯行禮之處也。」

註二二　高牆：宮牆。

註二三　宗廟：祭祀列祖列宗的祖廟。

註二四　務人之本：致力於人道的根本事業。

註二五　經常之法：不變的法則。

註二六　圓鑿不可以方枘：形容圓、方之物不能配合。

註二七　非常用之事不能成其功：意說，用不正確的方法行事，不能成就大事業。

註二八　器：工具。

註二九　人失其常：意指，人倫失去常理的狀態。

註三十　《經》：《孝經》〈卿大夫〉：「非先王之法服不敢服，非先王之法言不敢道，非先王之德行不敢行。」《孝經》是十三經最短的一部經書，據傳是孔子所作，或言曾子筆記孔子之言。

註三一　法服：禮法道統。

註三二　服：遵從。

註三三　引之謂也：說的就是這個道理。

諸葛亮〈治國〉一文，從「務天之本、務地之本、務人之本」，三個層次論述治國之道。所謂「本」，就是政治清明、嚴明法治、民富國強，百姓自然安居樂業，這是他治理蜀漢的典範。

孔明一生為復興漢室，堅持「王業不偏安、漢賊不兩立」，精心治理三國最小之蜀國，且發動五次北伐。未能統一中國實在是主客兩不足，非他不行，他鞠躬盡瘁，治理弱小的蜀國，從貧弱成為富強，在中國歷史上留下光輝史頁，千百年來世人仍禮贊他！頌揚他！

孔明在北伐之前，先以「攻心為上，攻城為下；心戰為上，兵戰為下」之策略，「七擒孟獲」，平定南中，起用南人做官。使夷漢關係大為改善，蜀國內部也得以穩定，等於消除了北伐的後患。

陳壽在《三國志》如此評價諸葛亮：「科教嚴明，賞罰必信。無惡不懲，無善不顯。至於吏不容奸，人懷自厲，道不拾遺，強不侵弱，風化肅然。」又說：「開誠心，佈公道……邦域之內，咸畏而愛之。刑政雖峻，而無怨者，以其用心平而勸戒明也」。

二、君臣

【原典】

君臣之政，其猶天地之象（註一）。天地之象明，則君臣之道具矣。君以施下為仁，臣以事上為義。二心（註二）不可以事君，疑政（註三）不可以授臣。上下好禮，則民易使（註四）；上下和順，則君臣之道具矣。君以禮使臣，臣以忠事君。君謀其政，臣謀其事。政者，正名（註五）也。事者，勸功（註六）也。君勸其政（註七），臣勸其事（註八），則功名（註九）之道俱立矣。

是故君南面（註十）向陽，著其聲響（註十一），臣北面向陰，見其形景（註十二）。聲響者，教令也（註十三）。形景者，功效（註十四）也。教令得中（註十五）則功立，功立則萬物蒙其福。

是以三綱（註十六）六紀（註十七）有上中下。上者為君臣，中者為父子，下者為夫婦，各修其道，福祚（註十八）至矣。君臣上下，以禮為本，父子上下，以恩為親，夫婦上下，以和為安。上不可以不正，下不可以不端。上枉下曲，上亂下逆。

故君惟其政（註十九），臣惟其事（註二十），是以明君之政修（註二一），則忠臣之事舉（註二二）。學者思明師，仕者思明君。故設官職之全，序（註二三）爵祿之位，陳璇璣（註二四）之政，建台輔（註二五）之佐。私不亂公（註二六），邪不干正，引治國之道具矣。

註釋

註一　象：此指關係。
註二　二心：不忠。
註三　疑政：違反正道的政事。
註四　易使：方便統治。
註五　正名：好名聲。

註六 勸功：鼓勵建功。

註七 君勸其政：君主勤於朝政。

註八 臣勸其事：人臣勤於佐政。

註九 功名：此指霸業。

註十 南面：古代以坐北朝南為尊位。

註十一 著其聲響：使其聲威形像更加顯著。

註十二 見其形景：形態、身影，看得清楚。

註十三 教令：教導和命令。

註十四 功效：功業、事蹟。

註十五 中：適當。

註十六 三綱：儒家倫理的基本架構，起源於先王之學，經「思孟學派」、「五行」闡發，歷經漢朝，盛行於宋、明、清。三綱即三倫理：君為臣綱、父為子綱、夫為妻綱。另外，法家在《韓非子》〈忠孝〉中亦說：「臣事君、子事父、妻事夫，三者順，天下治；三者逆，天下亂。」

註十七　六紀：六紀者，謂諸父、兄弟、族人、諸舅、師長、朋友也。「敬諸父兄，六紀道行，諸舅有義，族人有序，昆弟有親，師長有尊，朋友有舊。」三綱和六紀是中國人重要的倫理與社會關係。這些看似「教條」，歷來社會之亂，都源自「三綱六紀」失序，今之台灣是典型的沒了三綱六紀,搞一個妖女蔡英文當領導,光搞同性同婚，社會焉有不亂？

註十八　福祚：好福氣。祚，國運。

註十九　君惟其政：人君要致力於整頓政務。

註二十　臣惟其事：人臣要盡心事奉。

註二一　政修：政治清明。

註二二　事舉：事功可成。

註二三　序：排列。

註二四　璇璣：古時測量天文的儀器，也做「璿璣」，即渾天儀；另指北斗七星的第一到第四顆星，此四星為斗魁，又稱璇璣。本文意指，糾正政務。

註二五　建台輔：意指建立三公（司馬、司空、司徒）、九卿（少師、少傅、少保、家宰、司徒、宗伯、司馬、司寇、司空），大約周朝開始有的官名，歷代也有很大變動。

註二六　私不亂公：私情不擾亂公事。

中國大約在三千多年前，就發展出高度之文明文化，尤其在人文、倫理等關係，就已經有了「三綱六紀」，或「三綱五常」，乃至忠孝節義等。這些規範了人與人之間正常的關係，確保社會穩定安全的發展，所以中國文明在學術上稱「超穩定結構」。

君臣（含現代國家領導者與部會僚屬）關係，百姓都看在眼裡，是否和睦？或相互鬥爭猜疑？是國家治理好壞的標誌。君臣各司其職，上下守禮，自然教化深入人心，國家自然富強。

劉備在白帝城託孤時曾對孔明說：「你的才能勝過曹丕十倍，定能安邦定國，成就大業，若是嗣子（劉禪）可輔，則輔之，如其不才，可取而代之。」後來李嚴曾勸孔明進九錫，稱王。（李嚴應是不安好心），孔明不為所動，始終忠於蜀漢，鞠躬盡瘁，死而後已，成為中國歷史上，千秋之典範，永垂不朽！

三、視 聽

【原典】

視聽（註一）之政，謂視微形（註二），聽細聲（註三）。形微而不見，聲細而不聞。故明君視微之幾（註四），聽細之大（註五），以內和外，以外和內（註六）。故為政之道，務於多聞。是以聽察採納眾下之言，謀及庶士（註七）。

則萬物當其目，眾音佐其耳。故《經》（註八）云：「聖人無常心，以百姓為心（註九）。」目為心視，口為心言，耳為心聽，身為心安。故身之有心，若國之有君，以內和外，萬物昭然（註十）。

觀日月之形，不足以為明（註十一），聞雷霆之聲，不足以為聽（註十二），故人君以多見為智，多聞為神（註十三）。夫五音（註十四）不聞，無以別宮商，五色（註十五），無以別玄黃（註十六）。蓋聞明君者常若晝夜，晝則公事行，夜則私事興。

或有籲嗟（註十七）之怨而不得聞，或有進善之忠而不得信。怨聲不聞，則枉者不得伸，進善不納，則忠者不得信，邪者容其奸。故《書》云：「天視自我民視，天聽自我民聽（註十八）。」此之謂也（註十九）。

註釋

註一　視聽：觀察與傾聽。

註二　微形：細微末節處。

註三　細聲：不為人知的聲音。

註四　幾：徵候、預兆。

註五　聽細之大：從細微的聲音中聽到大問題。

註六　以內和外，以外和內：意說，內外相呼應。

註七　庶士：一般百姓。

註八 《經》：此指《道德經》，即《老子》。

註九 聖人無常心，以百姓為心：語出《道德經》第四十九章，「聖人無常心，以百姓心為心。」意說，聖人沒有自己所堅持的意見，而是以百姓的意見為意見。

註十 昭然：一片祥和。

註十一 觀日月之形，不足以為明：意說，身為君主的人，只看到日月之光明，未見平民百姓的痛苦，就稱不上目明，也就不是明君。

註十二 聞雷霆之聲，不足以為聽：意說，身為君主的人，如果只聽到雷鳴之聲，而聽不到平民百姓的聲音，就不算耳聰，也就不是明君。

註十三 神：此喻聖明之君。

註十四 五音：即宮、商、角、徵、羽。

註十五 五色：即青、赤、黃、白、黑。

註十六 玄黃：即黑與黃。《千字文》第一句，「天地玄黃，宇宙洪荒。」玄黃是天地的顏色，玄是天色，黃為地色。《易經．坤卦．文言》說，「夫玄黃者，天地之雜也，天玄而地黃。」

註十七　籲嗟：抱怨之聲。

註十八　天視自我民視，天聽自我民聽：《孟子》〈萬章上〉引〈太誓〉之言，意說，老天爺以百姓的眼睛為眼睛，以百姓的聽感為聽感。〈太誓〉又作〈泰誓〉，是《尚書》中的三章。武王伐紂時，在盟津（今河南省孟津縣）大會諸侯，武王向廣大的諸侯誓師，所以叫做〈泰誓〉。

註十九　此之謂也：說的就是這個道理。

諸葛亮在〈視聽〉一文，期許一國之君的人格風範，應有聖人的高度，引老子《道德經》「聖人無常心」和〈泰誓〉「天視自我民視」名言，希望君主能以百姓心為心。《道德經》第四十九章：

聖人無常心，以百姓心爲心。善者，吾善之；不善者，吾亦善之，德善。信者，吾信之；不信者，吾亦信之，德信。聖人在天下歙歙，爲天下渾其心。聖人皆孩之。

這段話的意思說：聖人沒有堅持怎樣的心，而是以百姓的心為己心。合於自然的百姓，我以自然的方式對待他；不合於自然的百姓，我也以自然的方式對待他，這就是自然的表現。真誠的人，我真誠待他；不真誠的人，我也真誠待他，這就是真誠的表現。聖人無分別心，使天下百姓的心渾沌無有分別，聖人都能像對待小孩一樣，對待每一個人。

聖人無分別心，聖王治國能以無分別心對待百姓，一切都以自然的方式對待，不存特別偏好偏愛。故能做到無適無主，此即「聖人不仁，以百姓為芻狗」之意。

諸葛亮也指出君王必須從諫如流，「以多見為智，多聞為神」，能廣泛聽到人民的心聲，了解百姓疾苦，在處理政務才能做出正確的施政，這是一個明君的先決條件。如果人主只聽奸佞阿諛，阻塞忠言，只聞歌功頌德，只有走上滅亡一途了！

四、納 言

【原典】

納言之政，謂為諫諍（註一），所以採納眾下之謀也。故君有諍臣，父有諍子，當其不義則諍之，將順其美（註二），匡救（註三）其惡（註四）。惡不可順（註五），美不可逆（註六）。順惡逆美，其國必危。

夫人君拒諫，則忠臣不敢進其謀（註七），而邪臣專行其政，此為國之害也。故有道之國（註八），危言危行（註九）；無道之國，危行言孫（註十），上無所聞，下無所說（註十一）。故孔子不恥下問，周公不恥下賤（註十二），故行成（註十三）名著，後世以為聖。是以屋漏在下，止之在上（註十四）；上漏不止，下不可居矣。

註釋

註一　諫諍：直言規勸。

註二　將順其美：使美德得以發揚。

註三　匡救：糾正。

註四　惡：此指不好的行為。

註五　惡不可順：不好的行為不可放任。

註六　美不可逆：美德不可抑制。

註七　謀：此指治國良策。

註八　有道之國：政治清明的國家。

註九　危言危行：言行謹慎。

註十　危行言孫：孫，古通遜，恭順也。句意說，行為恭順，言語諂媚。

註十一　上無所聞，下無所說：意說，君主在上不能納言，也就聽不到臣下的好意見；而人臣在下，因怕引禍上身，也什麼都不敢說。

註十二　下賤：向一般人請教執行方法。

註十三　行成：所推行的大業都能成功。

註十四　止之在上：意說，要使屋子不漏雨，要把屋頂的洞補好。

千百萬年來，古今中外所有當過「最高領導」的人，能夠聽取臣下直言規諫者，可謂極稀有！稀有！只有一個唐太宗聽李衛公（李靖）的直言勸諫，成了千百年來被頌揚的明君。大唐因而富國強兵，成為一個偉大的盛世。

其實這是人性使然，所謂「忠言逆耳」，直言規勸的話聽起來就不舒服，說逆耳之言聽起來很舒服，未之有也。所以，不論任何人，要能「納諫」，須要一些自制功夫，更須要理性思維，能擴大自己格局。

諸葛亮期許君主能傾聽不同意見，然後判斷是非，擇善從之，當一個能「納諫」的明君。納諫之目的，在以眾之長補己之短，才能完善治理國家。

五、察　疑

【原典】

察疑（註一）之政，謂察朱紫之色，別宮商之音。故紅紫亂朱色（註二），淫聲疑正樂（註三）。亂生於遠（註四），疑生於惑（註五）。物有異類，形有同色（註六）。白石如玉，愚者寶之；魚目似珠，愚者取之；狐貉似犬，愚者蓄之；栝蔞（註七）似瓜，愚者食之。

故趙高指鹿為馬，秦王不以為疑；范蠡貢越美女，吳王不以為惑。計疑無定事（註八），事疑無成功（註九）。故聖人不可以意說為明（註十），必信乎卜（註十一），占其吉凶。《書》（註十二）曰：「三人占，必從二人之言（註十三）。」而有大疑者，謀及庶人（註十四）。

故孔子云：明君之治，不患人之不己知（註十五），患不知人（註十六）也；不患外不知內（註十七），唯患內不知外（註十八）；不患下不知上，唯患上不知下；不患賤不知貴（註十九），惟患貴不知賤（註二十）。故士為知己者死，女為悅己者容，馬為策己者馳，神為通己者明（註二一）。故人君決獄（註二二）行刑，患其不明。

或無罪被辜（註二三），或有罪蒙恕（註二四），或強者專辭（註二五），或弱者侵怨（註二六），或直者被枉（註二七），或屈者不伸，或有信而見疑（註二八），或有忠而被害，此皆招天下逆氣（註二九），災暴之患，禍亂之變。惟明君治獄案刑，問其情辭，若不慮不匿，不枉不弊（註三十），觀其往來，察其進退，聽其聲響，瞻其看視。

開懼聲哀（註三一），來疾去遲（註三二），還顧吁嗟（註三三），此怨結之情不得伸也。下瞻盜視（註三四），見怯退還（註三五），沈吟腹計（註三六），語言失度（註三七），來遲去速（註三八），不敢反顧，此罪人欲自免（註三九）也。孔子曰：「視其所以（註四十），觀其所由，察其所安（註四一），人焉瘦（註四二）哉！人焉瘦哉（註四三）！」

註釋

註一　察疑：意指，明察秋毫。

註二　紅紫亂朱色：意指，紅色、紫色容易混淆朱色，因為看起來類似，沒有明察易被混淆，導至錯失。

註三　淫聲疑正樂：靡靡之音惑亂正統雅音。

註四　亂生於遠：變亂的發生，總在政令不及的遠處。

註五　疑生於惑：謠言都是因為眾心困惑才產生。

註六　物有異類，形有同色：意說，儘管許多東西都是各有不同的類別，但外表形體很相近，顏色也很類似，都容易造成混淆。

註七　栝蔞：又作瓜蔞、栝樓，是葫蘆科，栝樓屬植物，多年生攀緣草本，可達十公尺。《本草綱目》，「潤肺燥，降火，治咳嗽，消癰腫瘡毒。」

註八　計疑無定事：計畫如果有疑點，就無法成事。

註九　事疑無成功：行事過程有疑惑，事情也不能成功。

註十　不可以意說為明：意說，有智慧的人，對任何事情，不可以只憑自己想像猜測，來彰顯自己的英明。

註十一　必信乎卜：意指，求諸天意，或順乎自然。

註十二　《尚書》是中國第一部上古史，亦五經之一，內分〈虞書〉、〈夏書〉、〈商書〉、〈周書〉等篇。

註十三　三人占，必從二人之言：語出《尚書》，「立時人作卜筮，三人占，則從二人之言。」即多數決之意。

註十四　謀及庶人：考量到一般百姓的意見。

註十五　不患人之不己知：意說，英明的君主，不擔心臣民不了解自己的用心。

註十六　患不知人：擔心自己不了解民意。

註十七　不患外不知內：不擔心外界不了解自己內部的事。

註十八　唯患內不知外：只怕自己不了解外面的事。

註十九　不患賤不知貴：不擔心下位者不了解上位者。

註二十　惟患貴不知賤：只擔心上位者不了解下位者。

註二一　神為通己者明：神明為通靈者顯靈。

註二二　決獄：判決訴訟。

註二三　被辜：累及無辜。

註二四　有罪蒙恕：罪人被縱容。

註二五　專辭：強辭奪理。

註二六　侵怨：蒙冤。

註二七　被枉：被誣陷。

註二八　有信而見疑：誠信的人被懷疑。

註二九　逆氣：敗德之事。

註三十　不枉不弊：意指，毫無破綻可循。

註三一　開懼聲哀：有敬畏之色，且言辭哀怨。

註三二　來疾去遲：上堂時行色匆匆，而事後卻遲遲不肯離開庭堂。

註三三　還顧吁嗟：不時左顧右盼，反覆嘆息。

註三四　盜視：偷偷的看。

註三五　見怯退還：膽怯退縮。

註三六　沈吟腹計：沈吟作態，豎耳傾聽。

註三七　語言失度：語無倫次。

註三八　來遲去速：上堂姍姍來遲，離去快速匆忙。
註三九　自免：此指自行脫罪。
註四十　所以：所做所為的動機。
註四一　察其所安：觀察是否心安理得。
註四二　瘦：隱藏。
註四三　人焉瘦哉：一切都無所遁形。

〈察疑〉一文，強調明君要能有極高的觀察力，才能明察秋毫，明辨是非，知曉內外一切條件狀況。所以明君不止要知天、知地、也要知人，更要知內、知外、知貴、知賤、知下，才能完善施政，世間一切都逃不出明君的「法眼、天眼」。

諸葛亮身為蜀相，北伐作戰時又是一個戰場統帥，蜀國的政治制度類似今之「內閣制」，國君（劉禪，小名阿斗）是「虛君制」，也就是如今之英國國王，不負實權，也就沒有責任，首相就是國家元首。諸葛亮的身份，實際上就是蜀國之國家元首。（小註：孫中山先生在《三民主義》一書，曾推崇由孔明所治理的蜀漢，就是最好的「內閣制」政治制度。）

可能因為諸葛亮身負國家領導人的重責大任，他用自己的經驗，加上他對中國歷史的理解，所以對明君有著最高標準的要求，才能使國家長治久安。反之，若人主「不明」，自然是朝綱失紀，法度失明，群臣各懷利己之心，上混下亂，必然招來禍患，給人民帶來苦難。

就是身為一般人，也要知道「趨吉避凶」，四周環境並不都是友善的。要善於觀察，「視其所以，觀其所由，察其所安，人焉瘦哉！人焉瘦哉！」

六、治　人

【原典一】

治人之道，謂道之風化（註一），陳示所以（註二）也。故《經》（註三）云：「陳之以德義而民與行，示之以好惡而民知禁。（註四）」日月之明，眾下（註五）仰之，乾坤之廣，萬物順之（註六）。是以堯、舜之君，遠夷貢獻（註七），桀、紂之君，諸夏（註八）背叛。非天移動其人（註九），乃是上化使然（註十）也。

故治人（註十一）猶如養苗，先去其穢（註十二）。故國之將興，而伐於國（註十三），國之將衰，而伐於山（註十四）。明君之治，務知人之所患皂服之吏（註十五），小國之臣。故曰，皂服無所不剋（註十六），莫知其極（註十七），剋食於民（註十八），而人有饑乏之變，則生亂逆。唯勸農業，無奪其時，唯薄賦斂，無盡民財（註十九）。

註釋

註一　風化：教化引導。

註二　陳示所以：明確說明為什麼要這樣做。

註三　《經》：此即指《孝經》。

註四　陳之以德義而民與行，示之以好惡而民知禁：語出《孝經》，意說，用仁義道德來教化百姓，那麼百姓就會跟著推行仁義道德；明確告訴百姓什麼是好壞，他們就會知道那些行為是法律所禁止的。

註五　眾下：天下之百姓。

註六　順之：依附它。

註七　遠夷貢獻：遠方的夷人來朝貢。

註八　諸夏：指中原各諸侯國。

註九　非天移動其人：不是老天爺改變了人們。

註十　上化使然：君主教導人民的不同，所導至不同的結果。

註十一　治人：統治人民。

註十二　先去其穢：先把不好的東西去除。

註十三　國之將興，而伐於國：意說，國家要得到興盛，寄望於各地官吏治理得法。

註十四　國之將衰，而伐於山：國家之衰，根源在人民。

註十五　皂服之吏：地位低的小官。

註十六　皂服無所不剋：人民的破壞力最大，可以說是無所不剋。皂服，此指一般百姓。

註十七　莫知其極：人民的力量無窮。

註十八　剋食於民：對人民苛刻無度。

註十九　無盡民財：不會耗盡人民的財力。

諸葛亮在這一小段，說明如何教化人民，「猶如養苗，先去其穢」，並指出人民的力量無限大，「莫知其極」。因此，統治者要愛民，要教化人民，《孝經》

曰：「陳之以德義，而民興行。先之以敬讓，而民不爭。導之以禮樂，而民和睦。示之以好惡，而民知禁。」

【原典二】

如此，富國安家，不亦宜乎？夫有國有家者，不患貧而患不安。故唐、虞之政，利人相逢（註一），用天之時（註二），分地之利（註三），以豫（註四）凶年，秋有餘糧，以給不足（註五），天下通財（註六），路不拾遺，民無去就（註七）。故五霸之世，不足者奉於有餘（註八）。故今諸侯好利，利興民爭（註九），災害並起，強弱相侵，躬耕者少（註十），末作（註十一）者多，民如浮雲，手足不安。《經》（註十二）：「不貴難得之貨，使民不為盜；不貴無用之物，使民心不亂（註十三）。」

註釋

註一　利人相逢：意說，使人民得到利益。

註二　用天之時：運用老天爺給的好時機。

註三　分地之利：合理分配地利。
註四　豫：預防。
註五　秋有餘糧，以給不足：意說，秋天收穫的餘糧，用來救濟貧困的人。
註六　天下通財：天下財貨，互通有無。
註七　民無去就：人民安居樂業。
註八　不足者奉於有餘：意說，衣食不足的地方，可以從富裕的地方得到補充。
註九　利興民爭：爭利的風氣流行，百姓之間也相互爭奪。
註十　躬耕者少：能夠安心從事農耕的人，越來越少。
註十一　末作：工商業活動。
註十二　《經》：即《道德經》。
註十三　不貴難得之貨，使民不為盜；不貴無用之物，使民心不亂：語出《道德經》第三章，意說：不抬高稀有貨物的價格，人民就不會成為盜賊；那些珠寶等無用之物，價格不要攀升，人心就不會迷亂。

中國自古以來以農立國，輕視商業活動，這可能是資本主義沒有在中國產生的原因。因為輕視商業活動，所以經商被稱為「末作」，也就是所謂「不勞而獲」，這就是歷史上商人的形像。無爭、無欲成了治理人民的重要思想，如《道德經》第三章說：

不尚賢，使民不爭；不貴難得之貨，使民不為盜；不見可欲，使民心不亂。是以聖人之治，虛其心，實其腹；弱其志，強其骨。常使民無知無欲，使夫智者不敢為也。為無為，則無不治。

諸葛亮思想屬於儒家，但常引用道家老子的話，這應是一種「體用」思維，即以儒家為體，道家為用。若以完整道家思想，《道德經》第三章的本意是：不去標舉賢能，使百姓不爭著表現其賢能的一面。不珍貴難得的財貨，使百姓不為偷盜之事；不顯示欲望，使百姓心不亂。因此聖人治理天下，要虛空百姓的心，充實百姓的腹；弱化百姓的意志，強化百姓的筋骨。常常使百姓無造作分別，無知也無欲，讓那些愛用心智的人不敢造作亂為。聖人以無為而作，天下就能無所不治。

儒家思想「尚賢」，講仁義；道家思想「不尚賢」，且「去仁絕義」，這是極大的差別。諸葛亮政治思想屬於儒家，但部分取道家為用，也不希望人民有太多知識和欲望。這是從統治者立場出發的思維，古今中外都同樣，乃至現代社會東西各方亦如是。

【原典三】

各理其職，是以聖人之政治也。古者齊景公之時，病民下奢侈（註一），不遂禮制。周、秦之宜，去文就質（註二），而勸民之有利也（註三）。夫作無用之器（註四），聚無益之貨（註五），金銀璧玉，珠璣翡翠，奇珍異寶，遠方所出，此非庶人之所用也。錦繡篡組，綺羅綾縠，玄黃衣帛，此非庶人之所服也。

雕文刻鏤，伎作之巧，難成之功（註六），妨害農事，輜軿（註七）出入，袍裘索襗（註八），此非庶人之所飾也。重門畫獸，蕭牆數仞，塚墓過度，竭財高尚，此非庶人之所居也。

《經》云：「庶人之所好者，唯躬耕勤苦，謹身節用，以養父母。」制之以財（註九），用之以禮，豐年不奢，凶年不儉（註十），素有蓄積，以儲其後（註十一），此治人之道，不亦合於四時之氣乎？（註十二）

註釋

註一　病民下奢侈：即說：社會風氣太奢侈。
註二　去文就質：崇尚簡約、純樸。
註三　勸民之有利：鼓舞人民從事有利的農業生產。
註四　作無用之器：精心製作而沒有用的東西。
註五　聚無益之貨：聚斂沒有益處的財貨。
註六　難成之功：意指：手工巧妙的器物。
註七　輜軿：豪華的車子。
註八　袍裘索襗：華麗的服飾。
註九　制之以財：使用財物有所節制。
註十　不儉：意說，饑荒之年也不會太艱難。
註十一　以儲其後：平常有積蓄，以備來年用度。
註十二　此治人之道，不亦合於四時之氣乎？：用這樣極簡的方式，統治自己國家的人民，不正像四季氣候變化那樣自然嗎？

在二十一世紀的現代社會，在全球各地方有一個小小的「流派」，名之曰「極簡風格」。這是倡導人們要過最簡單的生活，一切用不到的東西（如孔明在文中所述金銀、寶玉等），全部放棄。此種「極簡主義」，類似孔明所說的治國理念。

諸葛亮在這一小段，他強烈主張國家要徹底推行簡約而純樸的生活型態，人民全部過著農耕為主的「極簡風格」生活。所有一般百姓生活不需要的，都是「無用之物」，如金銀珠玉、綺羅彩衣、各類雕刻、豪華名車、高牆豪宅、奢華墳墓等等，這些雖未禁止，也不鼓勵。

諸葛亮強調，統治人民要如四季更替那麼自然，在大約近兩千年前的「純農耕社會」，只要統治者有心推行，要使人民「回歸自然」，上下全都過著「極簡生活」，並不難辦到！

七、舉 措

【原典一】

舉措（註一）之政，謂舉直措諸枉（註二）也。夫治國猶於治身，治身之道，務在養神（註三）；治國之道，務在舉賢。是以養神求生（註四），舉賢求安（註五）。故國之有輔，如屋之有柱，柱不可細，輔不可弱；柱細則害，輔弱則傾（註六）。故治國之道，舉直措諸枉，其國乃安。夫柱以直木為堅，輔以直士為賢；直木出於幽林，直士出於眾下（註七）。

故君選舉，必求隱處（註八），或有懷寶迷邦（註九），匹夫同位（註十）；或有高才卓絕，不見招求（註十一）；或有忠賢孝弟，鄉里不舉；或隱居以求其志，行義以達其道；或有忠質於君，朋黨相讒。堯舉逸人（註十二），湯招有莘（註十三），周公采賤（註十四），皆得其人，以致太平。

故人君縣賞以待功（註十五），設位以待士，不曠（註十六）庶官（註十七）。闢四門（註十八）以興治務，玄纁（註十九）以聘幽隱，天下歸心，而不仁者遠矣。

註釋

註一　舉措：任用和廢置官員。

註二　舉直措諸枉：任用正直賢能，摒棄所有奸佞邪惡。

註三　養神：意指，修身養性。

註四　求生：意說，求身體安康。

註五　舉賢求安：任用賢良，在求國家安定。

註六　傾：危亡。

註七　眾下：一般百姓。

註八　隱處：卑微的地方。

註九　懷寶迷邦：懷才不遇。

註十　匹夫同位：意說，人才淪落在一般百姓之中。

註十一　不見招求：得不到重用。

註十二　逸人：遁世隱居的人。

註十三　湯招有莘：有莘，又叫有辛、有侁，為少昊的母系世系，居住在今山東省曹縣西北。商湯娶有莘氏之女為妻。周文王娶有莘氏之女太姒為妻，居住在今陝西省合陽縣東南，有莘氏也是姒姓部族。

註十四　采賤：從地位卑微的人中求賢能。

註十五　待功：對待有功之臣。

註十六　不曠：不冷落。

註十七　庶官：一般官員。

註十八　闢四門：《尚書．虞書．舜典》，「舜格於文祖，詢于四岳，闢四門，明四目，達四聰。」意說接納各方賢才和各種思想。

註十九　玄纁：聘請賢才的贄禮。

【原典二】

夫所用者非所養，所養者非所用，貧陋為下（註一），財色為上，讒邪得志，忠直遠放，玄纁不行，焉得賢輔哉？若夫國危不治，民不安居，此失賢之過也。夫失賢而不危，得賢而不安，未之有也。為人擇官者亂（註二），為官擇人者治（註三）。是以聘賢求士，猶嫁娶之道也，未有自家之女出財產婦（註四）。故女慕財聘而達其貞（註五），士慕玄纁而達其名（註六）。以禮聘士，而其國乃寧矣。

註釋

註一　貧陋為下：輕視地位卑微的人。

註二　為人擇官者亂：官職因人而設，國家必會混亂。

註三　為官擇人者治：擇才任官，國家才能得到好的治理。

註四　未有自家之女出財產婦：意說，從未沒有自己家的女兒，主動拿出自家錢財，要去當人家老婆這種事。

註五　女慕財聘而達其貞：女子是因為有了聘禮，才獻出自己的貞節。

註六　士慕玄纁而達其名：賢能的人，是因為有了玄纁之禮，才去實現自己的功名大業，得到輝煌的名聲。玄、纁，都是華夏文化中的色彩名稱，合起來「玄纁」有兩個含義，一是黑色和紅色的布帛，二是帝王用作延聘賢才的禮品。

〈舉措〉一文，諸葛亮指出擇才任官的原則，是「為人擇官者亂，為官擇人者治。」並舉古代聖人治國為例，堯舉逸人，周公采賤等，則天下歸心，不仁者遠矣。

孔明開題就說，「舉措之政，謂舉直措諸枉也。」簡單一句，就是國家用人的標準，不外是任用正直誠實善良的人，而把那些奸佞、不誠、邪惡之人，全都「放逐」不用。這是用二分法看問題，是一種理想狀態，執行起來不可能完全合乎理想，會有很多「灰色」地帶。

《尚書》〈咸有一德〉記載：「任官惟賢才」；另在《宋書》〈江夏王義恭傳〉亦言：「禮賢下士，聖人垂訓；驕侈矜尚，先哲所去。」在中國傳統政治思想中，尚賢從簡、去文就賢、忠孝節義，始終是一種統治人民的主流思想；或所謂儒家為體，道家為用。

八、考黜

【原典】

考黜（註一）之政，謂遷善黜惡（註二）。明主在上，心昭於天，察知善惡，廣及四海，不敢遺小國之臣（註三），下及庶人，進用賢良，退去貪懦（註四），明良上下（註五），企及國理（註六），眾賢雨集，此所以勸善黜惡，陳之休咎（註七）。故考黜之政，務知人之所苦（註八）。

其苦有五。或有小吏因公為私，乘權作奸，左手執戈，右手治生，內侵於官，外採於民，此所苦一也。或有過重輕罰，法令不均（註九），無罪被辜，以致滅身（註十），或有重罪得寬，扶強抑弱，加以嚴刑，枉責其情，此所苦二也。或有縱罪惡之吏，害告訴之人，斷絕語辭（註十一），蔽藏其情，掠劫亡命（註十二），其枉不常，此所苦三也。

或有長吏數易守宰，兼佐為政，阿私所親，枉克所恨（註十三），逼切為行（註十四），偏頗不承法制，更因賦斂（註十五），傍課採利（註十六），送故待新，夤緣（註十七）徵發（註十八），詐偽儲備（註十九），以成家產，此所苦者四也。

或有縣官慕功，賞罰之際，利人之事（註二十），買賣之費，多所裁量（註二一），專其價數（註二二），民失其職（註二三），此所苦者五也。

凡此五事，民之五害，有如此者，不可不黜，無此五者，不可不遷（註二四）。故《書》（註二五）云：「三載考績，黜陟幽明（註二六）。」

註釋

註一　考黜：考核罷黜。

註二　遷善黜惡：意說，治績良好的官吏，要給他升遷；而那些治績不良者、品性惡劣的官吏，就罷免他。

註三　小國之臣：意指一般小官吏。

註四　貪懦：貪財好利，懦弱怕事的人。

註五　明良上下：官吏皆不踰越職權。

註六　企及國理：國家得到治理。

註七　休咎：美善和過失。

註八　知人之所苦：了解人民的疾苦。

註九　法令不均：執法不公平。

註十　滅身：此指冤死。

註十一　斷絕語辭：意指，湮滅證據。

註十二　掠劫亡命：殺人滅口。

註十三　枉克所恨：意指，打擊自己所恨的人。

註十四　逼切為行：威逼利誘。

註十五　更因賦斂：利用徵收賦稅的機會。

註十六　傍課採利：中飽私囊。

註十七　夤緣：向上巴結、拉關係。

註十八　徵發：假借徵賦之名。

註十九　詐偽儲備：謊報儲備數量。

註二十　賞罰之際，利人之事：意說，利用行賞處罰的機會，從中獲取不法利益。

註二一　買賣之費，多所裁量：意說，身為官吏的人，進行商業買賣，或介入官商勾結，以獲取不法之利益。

註二二　專其價數：抬高或壟斷物價。

註二三　民失其職：使人民失業。

註二四　遷：升官、升職。

註二五　《書》：即《尚書》，又作《書經》或簡稱《書》。為五經之一，文體有典、謨、訓、誥、誓、命六種，每一種含義都不同，內容飽含中國傳統修齊治平的智慧，是一部穿透時空的智慧之書。

註二六　三載考績，黜陟幽明：舜帝每隔三年考察一次政績，經過九年三次的考核，黜退昏庸的官員，晉升賢明有功之臣。黜是廢除或罷免，陟是登任或上升，幽是昏暗，明是賢明。即有功績的升官，沒功績的黜退，國家政務才能興盛。

古今中外千百年的歷史發展，總是一段光明，一段黑暗，光明不可能永久光明下去，黑暗也不可能永久黑暗下去。總在某種天、地、人都適合的時機，產生了驚天動地的更替。筆者相信這是自然法則，如同器物用久必然「腐敗」壞死，國家、政權和人，都逃不出這個自然法則的裁定。

政權或國家之所以被更替，如被革命或造反推翻，通常是因為統治階層腐敗，不顧人民疾苦，使得人民的「痛苦指數」極高，導至廣大的人民群眾起來革命（造反）。這種情形在每個朝代的「末世」最為鮮明，如何使人民不革命、不造反，統治者當然要了解人民疾苦，以得民心。諸葛亮歸納歷史經驗，指出人民疾苦由五種原因造成，統治者不可不察：

第一、貪官污吏利用權力胡作非為，假公濟私，瞞上欺下，劫奪人民財產，一時之間，百姓無可奈何！日久必引爆人民的反抗勢力。

第二、官員執法不公，有的重罪輕罰，有無罪受害，甚至冤死。這是官吏恃強凌弱，使無辜之人蒙受不白之冤，法律體系已完全失去可信度，不能保障人民！

第三、官吏包庇罪犯，自己也成了犯罪組織的成員，陷害告發奸情的人，甚至湮滅證據，冤情無處申訴。

第四、官吏偏袒親信，任用親人，打壓異己；利用徵稅機會獲取不法利益，官官相護將公款中飽私囊。

第五、官員貪功好利，利用賞罰之機從中獲利，官商勾結或介入商業活動，為私利抬高物價，與民爭利。

觀察每個朝代的末世，漢末、晉末……唐宋元明清之末，當時的政局、社會狀況，約如以上五種情形。在筆者所在之世，親身所見的「台獨偽政權」，五種情形已極為嚴重……

九、治 軍

【原典一】

治軍之政，謂治邊境之事，匡救大亂之道，以威武為政，誅暴討逆，所以存國家安社稷之計。是以有文事必有武備，故貪血之蟲（註一），必有爪牙之用，喜則共戲，怒則相害。人無爪牙，故設兵革之器，以自輔衛。故國以軍為輔，君以臣為佐，輔強則國安，輔弱則國危，在於所任之將也。非民之將，非國之輔，非軍之主（註二）。

故治國以文為政（註三），治軍以武為計（註四）。治國不可以不從外（註五），治軍不可以不從內（註六）。內謂諸夏，外謂戎狄。戎狄之人，難以理化，易於威服。禮有所任（註七），威有所施（註八），是以黃帝戰於涿鹿（註九）之野，唐堯戰於丹浦（註十）之水，舜伐有苗（註十一），禹討有扈（註十二），自五帝三王至聖之主，德化如斯，尚加之以威武，故兵者兇器，不得已而用之。

註釋

註一　蝨：蟲蝨。

註二　非民之將，非國之輔，非軍之主：意說，不會替人民著想的將領，也就不是國家的好臣子，也不會是軍隊的好主帥。

註三　以文為政：以文治為原則。

註四　以武為計：以武功為根本之計。

註五　治國不可以不從外：意指，治理國家必須考量外在的國際關係。在古代，指中原漢族與四周少數民族的關係。

註六　治軍不可以不從內：意說，建軍備戰必須考量內在中原各國的關係，中原諸侯國都是漢族，故謂之內。

註七　禮有所任：有時以禮感化。

註八　威有所施：有時以武力征服。

註九　涿鹿：今河北省涿鹿縣。

註十　丹浦：即丹河，源於陝西省，會淅水，流入漢水；另說，水名，在今河南省泌陽縣北。又在《山海經》〈南山經〉：「丹穴之山，其上多金玉，丹水出焉，而南流注於渤海。」

註十一　有苗：古代部落，有三苗，主要分佈在長江中下游一帶，主要在洞庭湖和鄱陽湖之間，是炎黃之平民。

註十二　有扈：古代姒姓部落，分佈在今陝西戶縣一帶；另說在河南原陽一帶，或謂東夷少昊氏之九扈部落。

這一小段中，諸葛亮以黃帝、唐堯、虞舜、大禹為史例，說明「治軍之政」，有文事必有武備。且在建軍備戰過程中，任用好的將領最重要，「非民之將，非國之輔，非軍之主」；而兵為兇器，不得已才用之。

【原典二】

夫用兵之道，先定其謀，然後乃施其事。審天地之道，察眾人之心，習兵革之器，明賞罰之理，觀敵眾之謀，視道路之險，別安危之處，占主客之情（註一），知進退之宜，順機會之時，設守禦之備，強征伐之勢（註二），揚士卒之能，圖成敗之計（註三），慮生死之事（註四），然後乃可出軍任將，張禽敵之勢（註五），此為軍之大略也（註六）。

夫將者，人之司命，國之利器，先定其計，然後乃行。其令若漂水暴流（註七），其獲若鷹隼之擊物（註八），靜若弓弩之張（註九），動如機關之發，所向者破，而勍（註十）敵自滅。

註釋

註一　占主客之情：分析敵我情勢。

註二　強征伐之勢：加強軍隊出征的力量和威勢。

註三　圖成敗之計：認真策劃致勝不敗的戰略。

註四　慮生死之事：仔細評估軍隊的可能傷亡。

註五　張禽敵之勢：展開進攻的陣勢。
註六　軍之大略：軍隊出戰前，要完善準備的大致方略。
註七　其令若漂水暴流：下達命令如洪水暴發。
註八　其獲若鷹隼之擊物：意說，發動對敵人的攻勢，捕獲之戰果，有如鷹之鈎爪撲擊獵物，那樣的迅速。
註九　靜若弓弩之張：安靜的時候，有如弓弩拉開那樣的沈穩不動。
註十　勍：強。

諸葛亮深知「兵者兇器也」，不得已而用之。所以，他對於發動戰爭很慎重，戰前有很多準備工作，從「審天地之道，察眾人之心，習兵革之器……」，到「圖成敗之計，慮生死之事」，要評估可能的勝敗、軍隊可能的傷亡。總要天、地、人都有利，必勝必成，傷亡最小，才能開戰，「出軍任將，張禽敵之勢」。

一旦開戰，「其令若漂水暴流，其獲若鷹隼之擊物，靜若弓弩之張，動如機關之發，所向者破，而勍敵自滅。」這是一支理想中的「神兵」，可惜沒有在孔明的五次北伐中出現！

【原典三】

將無思慮，士無氣勢，不齊其心，而專其謀，雖有百萬之眾，而敵不懼矣。非讎不怨（註一），非敵不戰（註二）。工非魯班之目，無以見其工巧；戰非孫武之謀，無以出其計運。夫計謀欲密，攻敵欲疾，獲若鷹擊，戰如河決，則兵未勞而敵自散，此用兵之勢也。

故善戰者不怒，善勝者不懼。是以智者先勝而後求戰，闇者（註三）先戰而後求勝；勝者隨道而修途（註四），敗者斜行（註五）而失路（註六）；此順逆之計（註七）也。

註釋

註一　非讎不怨：不是仇人不痛恨。

註二　非敵不戰：不是敵人不攻擊他。

註三　闇者：愚昧的人。

註四　勝者隨道而修途：意說，善於克敵致勝的將領，會順著作戰進程碰到的狀況，修改他的進軍路線。

註五　斜行：走捷徑。

註六　失路：迷路。

註七　順逆之計：順應和違背事物原來的規律，而造成不同的結果。

諸葛亮在這小節，強調「先勝」原理，「智者先勝而後求戰，闇者先戰而後求勝。」《孫子兵法》〈軍形篇第四〉亦說：「故善戰者，立于不敗之地，而不失敵之敗也。是故勝兵先勝，而後求戰；敗兵先戰，而後求勝。」孔明深悟善戰者、善勝者之道也。

「智者先勝」，是已立於不敗之地，「先勝」則未戰而廟算已勝。操已勝之廟算，進而求戰，未有不勝者也。「闇者」則不然，事先無勝算，故不能立於不敗之地，而徒求力戰，想靠運氣取勝，其必敗矣！

【原典四】

將服其威（註一），士專其力（註二），勢不虛動（註三），運如圓石，從高墜下，所向者碎，不可救止。是以無敵於前，無敵於後，此用兵之勢也。

故軍以奇計為謀，以絕智為主（註四），能柔能剛，能弱能強，能存能亡（註五），疾如風雨，舒如江海（註六），不動如泰山，難測如陰陽，無窮如地，充實如天，不竭如江河，始終如三光（註七），生死如四時，衰旺如五行，奇正相生，而不可窮。

故軍以糧食為本，兵以奇正為始（註八），器械為用，委積為備（註九）。故國困於貴買（註十），貧於遠輸（註十一），攻不可再，戰不可三，量力而用，用多則費（註十二）。罷去無益，則國可寧也（註十三）；罷去無能，則國可利（註十四）也。

註釋

註一　將服其威：將帥應為軍隊樹立威嚴。

註二　士專其力：士卒致力為軍隊效命。
註三　勢不虛動：兵勢不輕易動用。
註四　絕智為主：非凡的智慧為主導。
註五　能存能亡：意指，不怕犧牲。
註六　舒如江海：意說，軍隊戰力的展開，如江海之廣大。
註七　三光：日、月、星辰三光。
註八　兵以奇正為始：意說，軍隊無論何時，都是以奇正為用。
註九　委積為備：意說，所有後勤所要物資，都必須要進行整備。
註十　國困於貴買：物價上漲，造成國家的困境。
註十一　貧於遠輸：作戰補給線太長，給國家帶來貧困。
註十二　用多則費：意指，爭戰太多，消耗國力。
註十三　罷去無益，則國可寧：意說，凡是對國家沒有實質利益的戰爭，全部都要免除，則國家可以長治久安。
註十四　罷去無能，則國可利：凡是沒有能力的將領都罷除，可以避免戰爭失敗，這樣對國家和人民才是有利的。

諸葛亮在這一小節中，首先期許軍隊的最高水平，必須是「奇計為謀、絕智為主、能柔能剛、能弱能強、能存能亡」，這是一支「變形金剛」軍隊；這支軍隊的動靜也是無敵，「無窮如地，充實如天……奇正相生，而不可窮」。這是一支可怕的軍隊，可以保障國家和人民生命財產的軍隊。

但國家有了一支強大的軍隊，也可能給國家帶來困境。諸葛亮警示，「國困於貴買，貧於遠輸，攻不可再，戰不可三，量力而用，用多則費」。因此，國家要長治久安，保有強大的軍隊，且要「罷去無益、罷去無能」，人民才能安居樂業。

【原典五】

夫善攻者敵不知其所守，善守者敵不知其所攻。故善攻者不以兵革，善守者不以城郭。是以高城深池，不足以為固；堅甲銳兵，不足以為強。敵欲固守，攻其無備；敵欲興陣（註一），出其不意；我往敵來（註二），謹設所居（註三）；我起敵止（註四），攻其左右；量其合敵（註五），先擊其實（註六）。

不知守地，不知戰日，可備者眾，則專備者寡（註七）。以慮相備（註八），強弱相攻，勇怯相助，前後相赴，左右相趨，如常山之蛇（註九），首尾俱到，此救兵之道也。

故勝者全威（註十），謀之於身（註十一），知地形勢，不可豫言（註十二）。議之知其得失（註十三），詐之知其安危（註十四），計之知其寡，形之知其生死，慮之知其苦樂，謀之知其善備。

註釋

註一　敵欲興陣：敵軍企圖對我發起攻擊。

註二　我往敵來：兩軍交戰。

註三　所居：指安寨紮營的地方。

註四　我起敵止：敵按兵不動，我有所行動。

註五　量其合敵：判斷敵軍將要集合兵力。

註六　先擊其實：先攻擊敵之關鍵部位。

註七　不知守地，不知戰日，可備者眾，則專備者寡：意說，在不清楚戰場地理形勢，也不知道何時與敵作戰，可以多制訂幾個作戰方案。這樣一來，為特種作戰而準備的作戰計畫就少了。

註八　以慮相備：周密考量，做好準備。

註九　常山之蛇：傳說中產於會稽之常山，以靈敏著稱，若擊其首，則尾立至，擊其尾則首立至，擊其中則首尾俱至。此常用於形容軍隊的機動、連絡很完善，大小部隊的相互支援極為快速。

註十　勝者全威：善於打勝仗的將帥，始終保全自己軍隊的威勢。

註十一　謀之於身：胸懷韜略。

註十二　不可豫言：保持機密。

註十三　議之知其得失：意指，將帥能和自己的參謀群，共同研議敵情，討論敵我雙方情勢，就能得知敵我雙方的優勢和劣勢。

註十四　詐之知其安危：誘敵出兵，以觀察敵軍部署的安全性和危險性。

諸葛亮在這一小節，強調軍隊的攻守和機動性。所謂「善攻者敵不知其所守，善守者敵不知其所攻」，引《孫子兵法》〈虛實篇第六〉，「攻而必取者，攻其所不守也；守而必固者，守其所不攻也。故善攻者，敵不知其所守；善守者，敵不知其所攻。」這就是一支微乎無形、神乎無聲的軍隊。

軍隊的機動、連絡之快速，如「常山之蛇」，引《孫子兵法》〈九地篇第十一〉，「故善用兵者，譬如率然；率然者，常山之蛇也，擊其首，則尾至，擊其尾，則首至，擊其中，則首尾俱至。敢問：『兵可使如率然乎？』曰：『可。』」。

軍隊的機動、連絡可以如「率然」嗎？孫子肯定說「可」。他舉例說，「吳人與越人相惡也，當其同舟濟而遇風，其相救也如左右手。」這也就是說，軍隊的戰力、機動力，相互支援、連絡的速度等，除了靠訓練，也仍有些是對人性本質的掌握和利用。

【原典六】

故兵從生擊死（註一），避實擊虛。山陵之戰，不仰其高（註二）；水上之戰，不逆其流（註三）；草上之戰，不涉其深（註四）；平地之戰，不逆其虛（註五）；道上之戰，不逆其孤（註六）。此五者，兵之利，地之所助（註七）也。

夫軍成於用勢（註八），敗於謀漏，饑於遠輸，渴於躬井（註九），勞於煩擾，佚於安靜，疑於不戰（註十），惑於見利（註十一），退於刑罰，進於賞賜，弱於見逼（註十二），強於用勢（註十三），困於見圍，懼於先至，驚於夜呼，亂於暗昧，迷於失道（註十四），窮於絕地，失於暴卒（註十五），得於豫計（註十六）。

註釋

註一　兵從生擊死：意說，軍隊在戰場上與敵人交戰，是以保全自己的有生力量，殲滅敵人的有生力量為最大的出發點。

註二　山陵之戰，不仰其高：在高山丘陵地區作戰，不仰攻高處的敵人。

註三　水上之戰，不逆其流：在河川與敵作戰，不逆著水流攻擊敵人。

註四　草上之戰，不涉其深：在草原地區與敵作戰，不進入雜草叢生太深的地方。

註五　平地之戰，不逆其虛：在平地開闊地區作戰，不放過虛弱的敵人。

註六　道上之戰，不逆其孤：在道路上與敵發生遭遇戰，不放過孤軍深入的敵人。

註七　兵之利，地之所助：在戰場上與敵人作戰，藉著作戰地區有利的地形地物為輔助，以取得作戰勝利的有利因素。

註八　軍成於用勢：作戰要取得成功，在於善加運用各種有利形勢。

註九　渴於躬井：士卒自己汲井打水，就是因為乾渴。

註十　疑於不戰：長時間不打仗，士卒心中就生起疑惑。

註十一　惑於見利：貪圖小利就會生亂子。

註十二　弱於見逼：軍隊被迫作戰必是弱軍。

註十三　強於用勢：軍隊之所以強大，是會利用形勢。

註十四　迷於失道：找不到路就迷失了方向。

註十五　失於暴卒：失去軍心是由於對待士卒殘暴。

註十六　得於豫計：成功在於事先預謀。

這一小節的前半，諸葛亮提示了各種不同地形環境的作戰原則。例如，山地叢林、河川水上、草原平地、道路等，軍隊出征在外，可能一天就會碰到多種環境，將領必須善於利用地利之便，才能取得勝利的有利因素。

後半小段孔明指出軍隊或士卒，出現不正常行為的原因。例如，渴於躬井、勞於煩擾、佚於安靜、疑於不戰，乃至驚於夜呼、失於暴卒等，不正常行為背後必有潛在原因，身為領導的人，不可不察！

【原典七】

故立旌旗以視其目，擊金鼓以鳴其耳，設斧鉞以齊其心（註一），陳教令以同其道（註二），興賞賜以勸其功，行誅伐以防其偽（註三）。晝戰不相聞，旌旗為之舉；夜戰不相見，火鼓為之起（註四）；教令有不從，斧鉞為之使（註五）。

不知九地（註六）之便，則不知九變（註七）之道。天之陰陽（註八），地之形名（註九），人之腹心（註十），知此三者，獲處其功（註十一）。知其士乃知其敵（註十二），不知其士則不知其敵（註十三），不知其敵，每戰必殆。故軍之所擊，必先知其左右士卒之心。

註釋

註一　設斧鉞以齊其心：設立斧鉞，為嚴正軍紀，使軍隊上下齊心。

註二　陳教令以同其道：申明教令，為統一全軍思想。

註三　行誅伐以防其偽：實施刑罰，為避免奸偽。

註四　火鼓為之起：意說，用火光和鼓聲指揮作戰。

註五　教令有不從，斧鉞為之使：意說，如果有人不服從命令，就請出斧鉞「使者」，用軍法迫使他服從。

註六　九地：九者，數之極也。「九地」者，言地勢之變化，影響戰爭，莫可窮極，並非只有九種或十種地形也。此地的「九地」同《孫子兵法》〈九地篇第十一〉，即現代的地略學。

註七　九變：九變形容變化的無窮，九是數之極，言極皆冠以九字，如極危為九死，深泉為九泉，深淵為九淵，九變亦如是。此處的九變，同《孫子兵法》〈九變篇第八〉，現代軍語謂之「統帥術」。

註八　天之陰陽：指大自然的變化。

註九　形名：各種具體狀況。

註十　人之腹心：指官兵心理。

註十一　獲處其功：獲得成功。

註十二　知其士乃知其敵：意說，了解敵軍的狀況，必知如何取勝敵人。

註十三　不知其士則不知其敵：不了解敵人狀況，就不知道如何戰勝敵人。

諸葛亮在本節中，提示了兩門穿透古今時空，恒久不易的學問。第一門是「九地」，地理學上是區域地理，軍事學上是地略學。在《孫子兵法》的九地是：散地、輕地、爭地、交地、衢地、重地、圮地、圍地、死地。

第二門是「九變」，今之統帥術。變是兵之用，不拘常法，從宜而行之謂，軍隊行於「九地」之中，千變萬化，若只知守常而不知應變，將導至覆軍殺將的結果。

所以諸葛亮說，「不知九地之便，則不知九變之道。天之陰陽，地之形名，人之腹心，知此三者，獲處其功。」古代之將領幾乎必須是「完人」，非全能、全才的高智慧者，難以成為「輔國」之將帥。

【原典八】

五間（註一）之道，軍之所親（註二），將之所厚（註三），非聖智不能用，非仁賢不能使（註四）。五間得其情，則民可用，國可長保。故兵求生則備（註五），不得已則鬥（註六），靜以理安（註七），動以理威（註八）。無恃敵之不至，恃吾之不可擊。

以近待遠，以逸待勞，以飽待饑，以實待虛，以生待死（註九），以眾待寡，以旺待衰，以伏待來。整整之旌，堂堂之鼓，當順其前，而覆其後（註十），固其險阻（註十一），而營其表（註十二），委之以利（註十三），柔之以害（註十四），此治軍之道全矣。

註釋

註一　五間：即《孫子兵法》〈用間篇第十三〉中，五種國家所用的間諜（情報人員）：

鄉間：本國人民居住在敵國，而為我之間諜也。

內間：利用敵國之官吏，培養或控制為我之間諜也。

反間：對於敵之間諜，加以控制或收買為我所用也。

死間：陽洩我軍機給敵國，不慎被敵拘獲必死者。

生間：我間諜在敵國，可隨時回國報告情報者。

註二　軍之所親：軍隊的親信；或必須親理。

註三　將之所厚：將帥最器重的人；或最須厚賞。

註四　非聖智不能用，非仁賢不能使：意說，對於間諜，聖智所以知人，故能運用間事，仁賢所以待人，故能使役間者。

註五　兵求生則備：軍隊要取得勝利，就要有準備。

註六　不得已則鬥：即不得已才用武力。

註七　靜以理安：部隊駐紮要嚴謹，才能確保安全。

註八　動以理威：軍隊軍紀嚴明，才能保持軍容威武。

註九　以生待死：以我之生待敵來死。

註十　當順其前，而覆其後：意說，兩軍交戰之時，我軍一方面與敵正面交鋒，一方面從敵後對敵發起攻擊。

註十一　固其險阻：嚴守險阻。

註十二　營其表：紮好營寨。

註十三　委之以利：匯集各種有利條件。

註十四　柔之以害：轉化各種不利因素。

在這一小節中，諸葛亮講「五間」之用，其觀點和百代談兵鼻祖、兵聖孫武相同，都強調「五間之道，軍之所親，將之所厚，非聖智不能用，非仁賢不能使。」此在《孫子兵法》〈用間篇第十三〉亦如是說。

〈治軍〉一文，是《諸葛亮兵法》中最長的一篇文章。全文的重點有：（一）將領是國家之輔；（二）強調慎戰思想，不得已而戰，戰必勝；（三）闡述「先勝而後戰」原理；（四）建設一支強大的軍隊而不能好戰；（五）軍隊攻守的機動性和連絡機制；（六）各種不同地形環境之作戰原則；（七）九地、九變之用；（八）五間之用。

十、賞 罰

【原典一】

賞罰之政（註一），謂賞善罰惡也。賞以興功（註二），罰以禁奸，賞不可不平，罰不可不均（註三）。賞賜知其所施，則勇士知其所死（註四）；刑罰知其所加，則邪惡知其所謂（註五）。故賞不可虛施，罰不可妄加，賞虛施則勞臣（註六）怨，罰妄加則直士恨，是以羊羹有不均之害（註七），楚王有信讒之敗（註八）。

夫將專持生殺之威，必生可殺（註九），必殺可生（註十），忿怒不詳（註十一），賞罰不明，教令不常（註十二），以私為公，此國之五危（註十三）也。賞罰不明，教令不從。必殺可生，眾奸不禁；必生可殺，士卒散亡（註十四）；忿怒不詳，威武不行；賞罰不明，下不勸功（註十五）；政教不當，法令不從；以私為公，人有二心。

故眾奸不禁，則不可久（註十六）；士卒散亡，其眾必寡；威武不行，見敵不起（註十七）。下不勸功，上無強輔；法令不從，事亂不理（註十八）；人有二心，其國危殆（註十九）。

註釋

註一　賞罰之政：此指進行賞罰的基本原理。

註二　興功：鼓勵建功。

註三　賞不可不平，罰不可不均：即說，獎賞必須公平，刑罰必須公正。

註四　賞賜知其所施，則勇士知其所死：意說，官兵了解賞賜的原因，就能明白犧牲的價值而勇於赴死。

註五　刑罰知其所加，則邪惡知其所謂：意說，士卒了解受到處罰的原因，邪惡之人就會畏懼而不敢作亂。

註六　勞臣：有功之人。

註七　羊羹有不均之害：《戰國策》有一則典故記載，中山國國君設宴，賞賜其國內名士，以羊羹款待眾人。有一名士叫司馬子期，因未受賞而懷恨在心，便遊說楚國攻打中山國，造成中山國滅亡。

註八　楚王有信讒之敗：此指楚懷王聽信讒言，逐屈原，被囚於秦國；或指楚平王信讒而迫害忠臣伍子胥。

註九　必生可殺：忠良無辜受死。

註十　必殺可生：犯死罪之惡人，被放縱未死。

註十一　忿怒不詳：喜怒無常。

註十二　教令不常：朝令夕改。

註十三　國之五危：國家的五種危險。另《孫子兵法》〈九變篇第八〉有將之五危：必死可殺、必生可虜、忿速可侮、廉潔可辱、愛民可煩。

註十四　必生可殺，士卒散亡：無罪冤死，人都跑光了。

註十五　勸功：努力殺敵立功。

註十六　不可久：意說，不能長治久安。

註十七　見敵不起：看到敵人害怕，不敢進攻。

註十八　法令不從，事亂不理：法令無法正常推行，局面就會混亂，最後導至不可收拾，國家也就不能治理了。

註十九　人有二心，其國危殆：意說，臣民或軍隊士卒，有了叛變之心，國家就危險了。

諸葛亮在這小節，闡明賞罰的基本原理，「賞以興功，罰以禁奸，賞不可不平，罰不可不均」。這是千古以來，在管理眾人或領導統御，幾乎不變的硬道理，尤其想要做大事的人，無不在賞罰下功夫，所謂「重賞之下必有勇夫」，用錢能使鬼推磨。凡此都說明「賞」的力量很強大，軍隊要發揮強大的戰力，重賞不可少！

賞的反面是罰，有重賞必有重罰，重罰之極限是用軍法奪人性命，這是強大的嚇阻力。也只有重罰才能防止奸惡之生，確保軍隊是一支上下同心、紀律嚴整，無敵於前的「輔國之軍」。

【原典二】

故防奸以政（註一），救奢（註二）以儉，忠直可使理獄（註三），廉平（註四）可使賞罰。賞罰不曲（註五），則人死服（註六）。路有饑人，廄有肥馬，可謂亡人而自存（註七），薄人而自厚（註八）。故人君先募而後賞（註九），先令而後誅，則人親附（註十），畏有愛之（註十一），不令而行。賞罰不正，則忠臣死於非罪，而邪臣起於非功。賞賜不避怨雠，則齊桓得管仲之力（註十二）；誅罰不避親戚，則周公有殺弟之名（註十三）。《書》云：「無偏無黨，王道蕩蕩；無黨無偏，王道平平（註十四）。」此之謂也。

註釋

註一　防奸之政：意指，杜絕奸邪，要有清明的政治。

註二　救奢：杜絕奢侈浪費。

註三　理獄：管理獄政。

註四　廉平：廉潔公正的人。

註五　賞罰不曲：賞罰公平無偏。

註六　死服：絕對服從。

註七　亡人而自存：不顧別人死活，只顧自己存活。

註八　薄人而自厚：苛刻別人而厚待自己。

註九　先募而後賞：先募集錢財再行獎賞。

註十　親附：歸順。

註十一　畏有愛之：尊敬他又愛他。

註十二　齊恒得管仲之力：管仲本是齊恒公尚未就大位前的敵人，且差一點用箭射死齊恒公。後來齊恒公登上大位，要殺管仲而後快。鮑叔牙勸止說：「如果國君胸無大志，只想把齊國治好，我鮑叔牙就有這能力，如果你要稱霸天下，則非管仲不可。」最後齊恒公拜管仲為相，九合諸侯，一匡天下。

註十三　周公有殺弟之名：西周初年，管叔鮮、蔡叔度和霍叔處，並稱「三監」，監護殷商的頑軍遺民。武王逝後，成王年少，周公攝政，三監不服，聯合武庚（商紂王的兒子）叛變。於是，周公東征，斬武庚和管叔，流放蔡叔，廢霍叔為庶人，平定三監之亂；歷史上也叫管蔡之亂，或武庚之亂。

註十四　無偏無黨，王道蕩蕩；無黨無偏，王道平平：語出《尚書》，意說，不偏不私，王道就會開闊坦蕩；無私無偏，王道就會平整修遠。

任何統治者想要有一番豐功偉業，做到賞罰分明是必要的，這也是廣獲人才的途徑，更是取得效忠之法門。做為一個領導者，心有偏私，賞罰不公不明，底下各路人馬心中定有不平，甚至有了二心。

身為人主，賞罰不明，可能失去江山。身為戰場上的將帥，賞罰不明可能失去勝利的機會；而若無功之人獎賞，必使奸惡當道，忠臣蒙冤，政局陷入不可收拾的局面。因此，身為領導，善必賞、惡必罰，這才是正確的賞罰原則，長治久安之道。

聖賢治國平天下，重賞重罰是必要的手段。諸葛亮舉史例，「賞賜不避怨讎，則齊桓得管仲之力；誅罰不避親戚，則周公有殺弟之名。」而孔明自己，「揮淚斬馬謖」，把自己心愛的弟子給斬了，為正軍法。

十一、喜 怒

【原典】

喜怒之政（註一），謂喜不應喜無喜之事（註二），怒不應怒無怒之物（註三），喜怒之間，必明其類（註四）。怒不犯無罪之人，喜不從可戮之士（註五），喜怒之際，不可不詳（註六）。喜不可縱有罪，怒不可戮無辜，喜怒之事，不可妄行（註七）。

行其私而廢其功（註八），將不可發私怒，而興戰必用眾心（註九），苟合以私忿而合戰，則用眾必敗。怒不可以復悅，喜不可以復怒，故以文為先（註十），以武為後（註十一）。先勝則必後負，先怒則必後悔（註十二），一朝之忿，而亡其身（註十三）。

故君子威而不猛，忿而不怒，憂而不懼，悅而不喜。可忿之事，然後加之威武（註十四），威武加則刑罰施，刑罰施則眾奸塞（註十五）。不加威武，則刑罰不中（註十六），刑罰不中，則眾惡不理（註十七），其國亡。

註釋

註一　喜怒之政：即喜怒之道，喜怒要尊守的原則。

註二　喜不應喜無喜之事：意說，喜悅要尊守的原則，在於不應該為不值得喜悅的事情而喜悅。

註三　怒不應怒無怒之物：意說，發怒要尊守的原則，就是不應該為不值得發怒的事情而發怒。

註四　類：界限。

註五　喜不從可戮之士：高興時不放縱有罪的人。

註六　喜怒之際，不可不詳：喜怒的時候，人應該是要清醒謹慎。

註七　喜怒之事，不可妄行：喜怒兩種情緒，不能沒有原因。

註八　行其私而廢其功：意說，如果僅憑自己的情緒而任意行動，必然會毀掉事業。

註九　興戰必用眾心：發動一場戰爭，必須萬眾一心。

註十　以文為先：以政治、外交為考量前提。

註十一　以武為後：以武力為後盾。

註十二　先勝則必後負，先怒則必後悔：意說，任意發怒的人，也許最初先得到勝利，很快也會失敗，先發怒的人必會後悔。

註十三　一朝之忿，而亡其身：洩一時之忿，卻導至自己的滅亡。

註十四　加之威武：用權威手段處理。

註十五　眾奸塞：杜絕一切罪惡。

註十六　不中：不能產生作用。

註十七　眾惡不理：一切邪惡，無法杜絕。

一般人都以為人之有喜怒現象，是一種自然行為，不需要管控或節制，「自然的」最好。事實上這是錯誤的觀念，「一般人」一個人過日子，沒有理想，沒有夢想！他就是一般人，喜怒隨便，也就無所謂了。

有理想、有夢想，追求更高人生層次或價值的人，他便知道「喜怒之政」，使他成為有智慧的人。現代社會所說的「EQ管理」，其實就是諸葛亮說的「喜怒之政」，一個人對自己情緒喜怒之管理，體現了他的智慧高低，智慧越高的人，其喜怒EQ越高。

《孫子兵法》〈火攻篇第十二〉說，「主不可以怒而興師，將不可以慍而致戰；合于利而動，不合于利而止。怒可以復喜，慍可以復悅，亡國不可以復存，死者不可以復生。」

諸葛亮此處說，「怒不可以復悅，喜不可以復怒」，這是對喜怒的對象而言，已經發怒，又改喜悅，對象不會甘心接受，所以下文說「以文為先」。諸葛亮的「喜怒之政」，是高智慧、高策略的表現。

十二、治 亂

【原典】

治亂之政（註一），謂省官並職（註二），去文就質（註三）也。夫綿綿不絕（註四），必有亂結（註五）；纖纖（註六）不伐（註七），必成妖孽（註八）。夫三綱（註九）不正，六紀（註十）不理，則大亂生矣。故治國者，圓不失規，方不失矩（註十一），本不失末，為政不失其道（註十二），萬事可成，其功可保（註十三）。

夫三軍之亂，紛紛擾擾，各惟其理（註十四）。明君治其綱紀，政治當有先後（註十五），先理綱，後理紀；先理令，後理罰（註十六）；先理近，後理遠（註十七）；先理內，後理外（註十八）；先理本，後理末；先理強，後理弱（註十九）；先理大，後理小；先理身，後理人（註二十）。

是以理綱則紀張，理令則罰行，理近則遠安（註二一），理內則外端（註二二），理本則末通，理強則弱伸（註二三），理大則小行（註二四），理上則下正，理身則人敬（註二五），此乃治國之道也。

註釋

註一　治亂之政：治理亂世的宗旨。

註二　省官並職：裁減冗員，精簡機構。

註三　去文就質：去除表面形式，講求實質。

註四　綿綿不絕：優柔寡斷。

註五　亂結：亂事所困。

註六　纖纖：微小的錯誤。

註七　不伐：不處理、不糾正。

註八　必成妖孽：必釀成大禍。

註九　三綱：君臣、父子、夫婦。

註十　六紀：諸父、兄弟、族人、諸舅、師長、朋友。

註十一　圓不失規，方不失矩：畫圓形不能不用規，畫方形不能不用矩。此句比喻說，所有人的活動都在規矩內，合於禮法。

註十二　本不失末，為政不失其道：治理本業不能不治末業，政治不能放棄原則。另，本業可指農業，末業可指工商業。

註十三　其功可保：功業可以保持長久。

註十四　各惟其理：各有原因。

註十五　政治當有先後：意說，方法有主有次。

註十六　先理令，後理罰：先申明法令，然後付諸實施。

註十七　先理近，後理遠：先理好眼前要緊的事，再治理未來的事。

註十八　先理內，後理外：先求內部安定，再應付外面存在的問題。

註十九　先理強，後理弱：先對付強敵，弱小好治理。

註二十　先理身，後理人：先把自己的問題治理好，再去治理別人的問題。

註二一　理近則遠安：意指，眼前的問題，得到了良好解決後，那些在未來長遠的問題有了好基礎，心也安了。

註二二　理內則外端：內部得到治理，對外就順利。

註二三　理強則弱伸：強敵被打敗了，弱敵自然歸順。

註二四　理大則小行：大的方面治好了，小的方面就順利。

註二五　理身則人敬：自身行為端正，別人就會敬重你。

國家治理，官吏兵員都要精簡，這是不論古今，維持國力可以長治久安的辦法。如果官僚體系過於龐大，軍隊人數超過總人口一定百分比，則敵人不來攻打，自己也會把自己「拖垮」。

要解決拖垮自己的問題，就是諸葛亮指出的「去文就質」，不要只追求形式和表面，要加強法制，三綱六紀不能亂，這是根本。穩住了根本，其他逐一處理。凡事有本有末，「先理近，後理遠……理身則人敬」，這些法則，從個人、齊家、治國到平天下，皆可適用。

諸葛亮指出一個容易被忽略而重要的問題，「纖纖不伐，必成妖孽」。意說國家之所以出現妖孽，都是小問題不糾正積累而成，歷代政權之亡都是這個道理。當妖孽形成時，即國家危亡之際，一個現代實例正在上演，台獨偽政權這個大妖孽已然形成，滅亡也一步步逼近！

十三、教　令

【原典一】

教令（註一）之政，謂上為下教（註二）。非法不言（註三），非道不行（註四），上之所為，人之所瞻（註五）也。夫釋己教人（註六），是謂逆政（註七），正己教人，是謂順政。故人君先正其身，然後乃行其令。身不正則令不從，令不從則生變亂。故為君之道，以教令為先，誅罰為後，不教而戰，是謂棄之。

註釋

註一　教令：有關軍隊教育訓練的命令。

註二　上為下教：由上級對下級進行指導。

註三　非法不言：與國家法律無關的都不談論。

註四　非道不行：與政策無關的事都不做；另解讀，不合乎道義的事就不去做。

註五　瞻：關注。

註六　釋己教人：放縱自我約束，而施政令於人；或自己不尊守法令，而要教育別人尊守。

註七　逆政：施政顛倒；或謂違反正常法則。

軍隊的教育訓練，都是上級對下級進行指導，命令亦逐級下達，古來皆如是。所以諸葛亮強調，「人君先正其身，然後乃行其令」，身為最高領導者，人主或將帥，自然是要做全軍之榜樣。

若人君身不正，則上行下效，「令不從則生變亂」；孔明也強調「不教而戰，是謂棄之」。所以自古以來，一支好的軍隊，平時教育訓練都是軍隊的主要功課，以備隨時上戰場與敵作戰。

【原典二】

先習士卒用兵之道，其法有五：一曰，使目習其旌旗指麾之變，縱橫之術（註一）；二曰，使耳習聞金鼓之聲，動靜行止（註二）；三曰，使心習刑罰之嚴，爵賞之利（註三）；四曰，使手習五兵（註四）之便，鬥戰之備（註五）；五曰，使足習周旋走趨之列（註六），進退之宜，故號為五教。

註釋

註一　使目習其旌旗指麾之變，縱橫之術：意說，要訓練官兵的眼睛，使其熟悉戰旗指揮的變化，以及縱橫穿插的方法。

註二　動靜行止：意說，使士卒知道何種聲音要採取何種行動，何種聲音應該停止。

註三　爵賞之利：獎賞的好處。

註四　五兵：古代作戰常用的五種兵器，戈、殳、戟、酋矛、夷矛。各時代的「五兵」均有不同，此處泛指各種兵器。

註五　鬥戰之備：做好作戰準備。

註六　習周旋走趨之列：熟悉隊伍轉向、迴旋、快跑、慢走，演練各種行列。

諸葛亮對軍隊教育訓練的「五教」，與現代軍隊的教育訓練，在本質上是一樣的，所不同只是使用工具和兵器不同。例如，古代用旌旗金鼓，現代中國軍隊用「北斗系統」，工具和兵器的改變，必然改變戰爭型態。

孔明所處是「第一波戰爭型態」，現代中國軍隊面對是第三或第四波戰爭型態。惟未來不論發到哪一波，戰士的教育訓練還是離不開耳、目、手、足、心的綜合運用，除非這些功能全由「智慧型機器人」取代，那是怎樣的世界和時代？用孔明在〈後出師表〉最後所說，「非臣之明所能逆覩也」，吾人也不能逆料！

【原典三】

教令軍陳（註一），各有其道（註二）。左教青龍，右教白虎，前教朱雀，後教玄武，中央軒轅（註三）。大將軍之所處，左矛右戟，前盾後弩，中央旗鼓（註四）。旗動俱起，聞鼓則進，聞金則止，隨其指揮，五陳乃理（註五）。正陳之法，旗鼓為之主（註六）：一鼓，舉其青旗，則為直陳（註七）；二鼓，舉其赤旗，則為銳陳；三鼓，舉其黃旗，則為方陳；四鼓，舉其白旗，則為圓陳；五鼓，舉其黑旗，則為曲陳。直陳者，木陳也（註八）；銳陳者，火陳也；方陳者，土陳也；圓陳者，金陳也；曲陳者，水陳也。此五行之陳，輾轉相生，衝對相勝（註九），相生為救，相勝為戰，相生為助，相勝為敵（註十）。

註釋

註一　軍陳：軍隊佈陣。古陳同陣字。

註二　各有其道：各有方法。

註三　在古代的兵書中，常見青龍、白虎等五個名詞，各有代表不同的意義：

青龍：二十八星宿中，東方七宿之總稱，代表東方。古代軍旗以青龍為名，青色繪龍，左軍軍旗。

白虎：二十八星宿西方七宿總稱，代表西方，軍旗為白色，上繪虎或熊，一般為右軍軍旗。

朱雀：二十八星宿南方七宿總稱，代表南方，軍旗紅色，上繪鳥或象，一般為前軍軍旗。

玄武：二十八星宿北方七宿總稱，代表北方，軍旗黑色，上繪龜或蛇，一般為後軍軍旗。

招搖：北斗七星杓端的星宿，代表中央方位，有指揮之意。軍旗黃色，繪北斗七星，一般為中軍軍旗，中軍通常也是主力。

註四　中央旗鼓：中央排列戰旗和戰鼓。

註五　五陳乃理：五種陣法井然有序。

註六　旗鼓為之主：用旗鼓做為主導。

註七　一鼓，舉其青旗，則為直陳：意說，士卒聽到第一陣鼓聲，就立刻舉起青旗，同時陣形就擺出直陣。

註八　直陳者，木陳也：直陣就是木陣。

註九　衝對相勝：互相對應，互為勝負。

註十　相生為救，相勝為戰，相生為助，相勝為敵：意說，互相依存的就叫「救」、「助」；互為勝負的叫「戰」、「敵」。

本節中所舉古代軍隊的各種「陣法」，如直陣、木陣、方陣、圓陣等，現代人已經難以理解其內涵，如何佈陣的程序也難以把握。惟類似這些作品，尚存有文獻研究的價值。

在《孫臏兵法》〈八陣〉篇，所述為戰鬥部署，類似今之兵科配署；在〈十陣〉篇所述十種「陣形」，應是諸葛亮「五陣」之取經處。

【原典四】

凡結五陳之法，五五相保（註一），五人為一長，五長為一師，五師為一枝，五枝為一火，五火為一撞，五撞為一軍（註二），則軍士具矣（註三）。夫兵利之所便，務知節度（註四）。短者持矛戟，長者持弓弩，壯者持旌旗，勇者持金鼓，弱者給糧牧（註五），智者為謀主（註六）。鄉里相比（註七），五五相保，一鼓整行，二鼓習陳，三鼓起食（註八），四鼓嚴辦（註九），五鼓就行（註十）。聞鼓聽金，然後舉旗，出兵以次第，一鳴鼓三通，旌旗發揚，舉兵先攻者賞，卻退者斬，此教令也。

註釋

註一　五五相保：以五人為一個單位，互相保護。
註二　長、師、枝、火、撞、軍：應為部隊編制之名，類似今之伍、班、排、連、營、旅。
註三　軍士具矣：意指，部隊組織編制已完備。
註四　兵利之所便，務知節度：意說，軍隊在戰場上面對敵人，想要充份發揮最大戰力，必須善於指揮和調度。
註五　糧牧：供應糧草。
註六　謀主：出謀略定策畫。
註七　相比：相互支援。
註八　起食：開飯用餐。
註九　嚴辨：申明軍紀。
註十　就行：全軍出發。

〈教令〉一文，諸葛亮闡明軍隊教育訓練之要領，在上對下的指導，君王教導群臣，將帥教導各級幹部，幹部教導士卒。上級除了教導，也要親身力行，做下級的榜樣，以身作則，以產生上行下效的效果。

〈教令〉一文所示，雖是將近兩千年前的東西，使用之工具和兵器如今看來，似無參考價值。實則不然，吾人欣賞「古物」，賞其內涵和精神，古代軍隊的教育訓練要求上級以身作則，現代軍隊亦如是，此種道理古今相通也。所以孔明治蜀，事必躬親，現代的領導者有很多地方，要向孔明學習。

當然，歷史上不是所有的事都正常，如同社會中不是每個人都可以叫「人」，有很多妖孽，歷史也是。很多上樑不正下樑歪的，荒淫無度者，如何要他以身作則？他所能碰到的結局，是不久後的滅亡吧！

十四、斬　斷

【原典一】

斬斷之政（註一），謂不從教令之法（註二）也。其法有七：一曰輕，二曰慢，三曰盜，四曰欺，五曰背，六曰亂，七曰誤，此治軍之禁（註三）也。當斷不斷，必受其亂。故設斧鉞之威，以待不從者誅之。軍法異等（註四），過輕罰重（註五），令不可犯，犯令者斬。

期會不到（註六），聞鼓不行（註七），悉寬自留（註八），避迴自止（註九），初近後遠（註十），喚名不應，車甲不具，兵器不備，此為輕軍，輕軍者斬。

受令不傳（註十一），傳令不審（註十二），迷惑吏士（註十三），金鼓不聞，旌旗不睹，此謂慢軍，慢軍者斬。

註釋

註一　斬斷之政：嚴厲重懲的原則。
註二　不從教令之法：對不服從教令的人，所實行重懲的軍法。
註三　治軍之禁：治理軍隊必須禁止的事。
註四　軍法異等：軍法有各種等級。
註五　過輕罰重：意說，對於已經有罪在身的人，如果再度又犯了罪，而他的罪過雖輕，也是要從重處罰。
註六　期會不到：約定的集合期限，不能按時到達。
註七　聞鼓不行：聽到戰鼓聲，卻按兵不動。
註八　悉寬自留：趁鬆緩之際，自行滯留。
註九　避迴自止：為逃避戰鬥，自行停止。
註十　初近後遠：故意先略微脫隊，而後越離越遠，製造永久脫離（逃兵）的機會。
註十一　受令不傳：接受了命令，卻不往下傳達。
註十二　傳令不審：傳達命令，不清不楚。
註十三　吏士：指軍隊官兵。

諸葛亮在「斬斷之政」，首先指出七種軍隊中嚴重違反軍令，必須判死刑（斬刑）的罪：輕、慢、盜、欺、背亂、誤。同時提示「軍法異等，過輕罰重，令不可犯，犯令者斬」，自古以來，軍法最可怕！也最無情！

【原典二】

食不廩糧（註一），軍不省兵（註二），賦賜不均（註三），阿私所親（註四），取非其物（註五），借貸不還，奪人頭首（註六），以獲其功，此謂盜軍，盜軍者斬。變改姓名，衣服不鮮，旌旗裂壞，金鼓不具，兵刃不磨（註七），器杖不堅，矢不著羽（註八），弓弩無弦，法令不行，此為欺軍，欺軍者斬。

聞鼓不進，聞金不止，按旗不伏（註九），舉旗不起（註十），指揮不隨，避前向後（註十一），縱發亂行（註十二），折其弓弩之勢（註十三），卻退不鬥，宜左或右，扶傷舉死，自託而歸（註十四），此謂背軍，背軍者斬。

註釋

註一　食不廩糧：未善加管制軍糧。
註二　軍不省兵：將軍不愛惜士兵。
註三　賦賜不均：給授賞賜不公正。
註四　阿私所親：偏私自己親近的人。
註五　取非其物：拿走別人的東西。
註六　奪人頭首：搶走別人在戰場上取得的敵人首級，冒充自己的功勞。
註七　兵刃不磨：武器不磨銳利。
註八　矢不著羽：箭上沒有羽毛。
註九　按旗不伏：令旗下指不卧倒。
註十　舉旗不起：令旗上揚不起身。
註十一　避前向後：躲在隊伍後面畏縮不前。
註十二　縱發亂行：橫行亂竄。
註十三　折其弓弩之勢：破壞弓弩使它失去功能。
註十四　扶傷舉死，自託而歸：假託救死扶傷而逃回。

以上各種「斬刑」之中，有些甚為牽強，或不易定義其罪刑輕重，容易被利用為鬥爭害人的工具。例如，悉寬自留、喚名不應、軍不省兵、取非其物、借貸不還、衣服不鮮。凡此，皆要論斬，才是真的「不省人」。

【原典三】

出軍行將（註一），士卒爭先，紛紛擾擾，車騎相連，咽塞路道，後不得先，呼喚喧嘩，無所聽聞，失亂行次，兵刃中傷（註二），長短不理（註三），上下縱橫，此謂亂軍，亂軍者斬。

屯營所止（註四），問其鄉里（註五），親近相隨（註六），共食相保，不得越次（註七），強入他伍，干誤次第（註八），不可呵止（註九），度營出入，不由門戶，不自啟白（註十），奸邪所起，知者不告，罪同一等，合人飲酒（註十一），阿私取受（註十二），大言警語（註十三），疑惑吏士，此謂誤軍，誤軍者斬。斬斷之後，此萬事乃理（註十四）也。

註釋

註一　出軍行將：出征打仗。
註二　兵刃中傷：兵器相互碰撞。
註三　長短不理：意指，兵器長短參差不齊。
註四　屯營所止：部隊停止前進，駐屯紮營。
註五　問其鄉里：打聽鄉里情形。
註六　親近相隨：大家相互依靠。
註七　越次：超出範圍。
註八　干誤次第：擾亂秩序。
註九　不可呵止：呵斥仍不停止。
註十　不自啟白：不自動坦白。
註十一　合人飲酒：聚眾酗酒。
註十二　阿私取受：偏袒賄賂的人。
註十三　大言警語：假傳消息。
註十四　萬事乃理：一切都得到有條不紊的治理。

七種斬刑之中，「亂軍」最難公平正義的處理。就如現代大都會的某路段，交通大塞車，紅綠燈全失效，全盤大亂。問題出在那裡？誰是罪人？要斬誰？還是亂局中的所有人全斬了？很難處理。

「出軍行將，士卒爭先，紛紛擾擾，車騎相連，咽塞路道……長短不理，上下縱橫」。這種亂局之所以發生，還是教育訓練的問題，沒有軍紀，又訓練不足，才會成為「亂軍」，是否應該先把「主將」給斬了！

軍令如山，任何違犯軍令的人，隨時會被將帥下令「拖出去斬了」，這是從《姜太公兵法》以下，數千年來所有兵法家、軍事家、名將（如孫子、吳起、白起、韓信等）所強調。到了現代軍法亦如是，只是把「斬」字，改成「槍斃」，算是比較人道了！

十五、思　慮

【原典一】

思慮之政（註一），謂思近慮遠（註二）也。夫人無遠慮，必有近憂，故君子（註三）思不出其位（註四）。思者，正謀（註五）也，慮者，思事之計（註六）也。非其位不謀其政，非其事不慮其計（註七）。大事起於難（註八），小事起於易。故欲思其利，必慮其害（註九），欲思其成，必慮其敗（註十）。是以九重（註十一）之台，雖高必壞。

註釋

註一　思慮之政：思考、判斷的方法。

註二　思近慮遠：不僅要想到眼前，也要考慮未來。

註三　君子：此指有智慧的人，或有思考能力的人。

註四　思不出其位：意說，思考任何問題，不會超出自己的職權範圍。

註五　正謀：正確的謀略。

註六　思事之計：思考事情成功的計策。

註七　非其位不謀其政，非其事不慮其計：意說，有智慧的人，不在職位上就不去干預政事，不是自己份內的事，就不去考慮其計策。

註八　大事起於難：做大事難在開始。

註九　欲思其利，必慮其害：意說，想要得到好處，也一定要想到可能的害處，這樣才能減少害處，得更多好處。

註十　欲思其成，必慮其敗：想要獲得成功，也一定要想到失敗的可能性，這樣才能減少失敗，增加成功率。

註十一　九重：九層，形容很高。

有沒有思考、判斷能力？是評估人成長的標誌之一，甚至是智慧的象徵。諸葛亮在這一小段講「思考的方法」，不外就是「思近慮遠」，「思者，正謀也，慮者，思事之計也。」言之容易，真有思考能力的人不多，世人絕大多數被某種力量牽著鼻子走！

這一小段也儼然是諸葛亮版的「相對論」，「欲思其利，必慮其害，欲思其成，必慮其敗，是以九重之台，雖高必壞。」世間一切事，總是有利有弊，大利之中必潛藏著大害。能悟到這些，你便是現代「小諸葛」了！

【原典二】

故仰高者不可忽其下，瞻前者不可忽其後。是以秦穆公伐鄭（註一），二子（註二）知其害；吳王受越女，子胥知其敗；虞受晉璧馬，宮之奇知其害（註三）；宋襄公練兵車，目夷知其負（註四）。凡此之智，思慮之至（註五），可謂明（註六）矣。

夫隨覆陳（註七）之軌，追陷溺（註八）之後，以赴其前（註九），何及之有（註十）？故秦承霸業，不及堯、舜之道。夫危生於安，亡生於存，亂生於治（註十一）。君子視微知著（註十二），見始知終（註十三），禍無從起，此思慮之政也。

註釋

註一　秦穆公伐鄭：公元前六二八年（周襄王二十四年），秦穆公打算出兵攻打鄭國，百里奚和蹇叔認為時機不對，都持反對意見。穆公不聽，一意出兵，結果勞師遠征，大敗而回。

註二　二子：指百里奚和蹇叔二人。百里奚，字井伯，世稱「五羖大夫」，虞國（今山西平陸北）人，因被晉獻公貶為給長女穆姬的陪嫁奴隸，後逃到楚國，被秦穆公以五張羊皮贖回，主持秦國大政，使秦穆公成為西戎霸主，春秋五霸之一。

蹇叔，宋國人，因與百里奚友善，多次使百里奚脫於難，百里奚推薦其有大才，秦穆公拜之為上大夫。

註三　虞受晉璧馬，宮之奇知其害：周惠王二十二年（前六五五年），晉獻公送良馬和寶玉給虞國國君，計劃「假道伐虢」，宮之奇識破晉之陰謀，勸虞君不受，虞君不聽接受了禮物。結果晉軍伐完虢國，回程順道又滅了虞國。

註四　宋襄公練兵車，目夷知其負：宋襄公與楚子期有乘車之會，公子目夷諫曰：「楚，夷國也，強而無義，請君以兵車之會往。」宋公曰：「不可，吾以之約以乘車之會，自我為之，自我墮之，曰不可。」終以乘車之會往，楚人果伏兵車，虜宋公而去。事見《春秋公羊傳》，僖公二十一年。

註五　思慮之至：思考力的極限。

註六　明：明智、高明。

註七　覆陳：敗軍。

註八　陷溺：陷入危險的軍隊。

註九　以赴其前：不顧危險向前衝。

註十　何及之有：來不及避免失敗。

註十一　亂生於治：禍亂在平時就埋下了種子。

註十二　著：大問題。

註十三　見始知終：事情發生之初，就能推測結果。

諸葛亮在本文提到幾個很有高智慧的人，如百里奚、蹇叔、伍子胥、宮之奇、目夷，都是「見始知終」的高人。像這類人如何思考？實在是大家學習的榜樣。

思慮如何完善？如何養成思考能力？按諸葛亮所述，不外「思近慮遠」、「欲思其利，必慮其害」等等。不僅須要真誠的學習心，且要苦思、悟力，方能有所得。

十六、陰　察

【原典一】

陰察之政（註一），譬喻物類（註二），以覺悟其意（註三）也。外傷則內孤（註四），上惑則下疑（註五）；疑則親者不用（註六），惑則視者失度（註七）；失度則亂謀（註八），亂謀則國危，國危則不安。是以思者慮遠，慮遠則安，無慮則危。富者得志（註九），貧者失時（註十），甚愛太費（註十一），多藏厚亡（註十二），竭財相買，無功自專（註十三），憂事衆者煩，煩生於怠（註十四）。

註釋

註一　陰察之政：明察暗訪的原則。

註二　譬喻物類：經由比較來理解事物。
註三　覺悟其意：領悟出一些道理。
註四　外傷則內孤：外表悲戚的人，內心通常孤苦。
註五　上惑則下疑：上位的人心中迷惑，處在下位的人也會徬徨。
註六　疑則親者不用：心中有疑惑，則忠誠之人就得不到重用。
註七　惑則視者失度：心中有疑慮，就不能明察秋毫。
註八　亂謀：意指，擾亂了謀略。
註九　富者得志：有錢人能夠實現志向。
註十　貧者失時：窮人往往失去機會。
註十一　甚愛太費：過分吝惜錢財，反而造成更大浪費。
註十二　多藏厚亡：過分積累財富，反而更會失去。
註十三　自專：自主支配。
註十四　憂事眾則煩，煩生於怠：意說，擔憂太多的事情，就會使人心中產生更多的煩惱，而煩惱就會產生懈怠。

諸葛亮治蜀，事必躬親，每天不知道要煩惱多少事，還要明察暗訪。他擔憂的事太多，「憂事眾者煩，煩生於怠」，而他並未懈怠，所以他是累死的，積勞成疾，累死在五丈原（今陝西省岐山縣南斜谷口西側）戰場上，成為千古頌揚的典範。

身為一個領導者，內心要很清明，不能有疑惑。「上惑則下疑，疑則親者不用，惑則視者失度，失度則亂謀。」一個團體或一個國家，走向危亡，想必其原因道理都是相近的。

【原典二】

船漏則水入，囊穿則內空（註一），山小無獸，水淺無魚，樹弱無巢，牆壞屋傾，堤決水漾，疾走者仆（註二），安行者遲（註三），乘危者淺（註四），履冰者懼，涉泉者溺（註五），遇水者渡（註六），無楫者不濟（註七），失侶者遠顧，賞罰者省功（註八），不誠者失信。唇亡齒寒，毛落皮單。阿私亂言，偏聽者生患。善謀者勝，惡謀者分（註九），善之勸惡，如春雨澤。麒麟易乘，駑駘難習（註十）。不視者盲（註十一），不聽者聾（註十二）。

註釋

註一　裹穿則內空：口袋有了破洞，裡面東西就會漏空。

註二　疾走者仆：快走容易摔跤。

註三　安行者遲：穩步走速度太慢。

註四　乘危者淺：站在危險地方心裡恐懼。

註五　涉泉者溺：涉足深澗容易被淹死。

註六　遇水者渡：遇到江河就設法渡過去。

註七　無楫者不濟：沒有船難以渡江。

註八　賞罰者省功：賞罰要明察功過。

註九　分：失敗。

註十　麒麟易乘，駑駘難習：麒麟，形容良馬。指良馬易於駕馭，劣馬難以控制；比喻，真正的人才好駕馭，平庸之輩才不好應付。

註十一　不視者盲：有眼不看，等於瞎子。

註十二　不聽者聾：有耳不聽，等於聾子。

諸葛亮在這一小段，舉出許多「自然現象」，沒有針對評述，只是想要引人啟動思考。例如，「船漏則水入，囊穿則內空，山小無獸」、「堤決水漾，牆壞屋傾」，這些是否引起你的「陰察」，而有所悟？

「疾走者仆，安行者遲」，這是兩難，只有兩權相害取其輕；「唇亡齒寒，毛落皮單」，就有很高的警示作用；「不視者盲，不聽者聾」，對任何人而言，都是極佳之警世銘言，時刻警惕自己，小心「阿私亂言，偏聽者生患」！

【原典三】

根傷則葉枯，葉枯則花落，花落則實亡（註一）。柱細則屋傾，本細則末撓（註二），下小則上崩（註三）。不辨黑白，棄土取石，虎羊同群（註四）。衣破者補，帶短者續（註五）。弄刀者傷手，打跳者傷足。洗不必江河（註六），要之卻垢；馬不必騏驥，要之疾足（註七）；賢不必聖人，要之智通（註八）。總之，有五德：一曰禁暴止兵（註九），二曰賞賢罰罪，三曰安仁（註十）和眾，四曰保大定功（註十一），五曰豐撓拒讒，此之謂五德。

註釋

註一　花落則實亡：花朵凋零，就結不出果實。

註二　本細則末撓：樹幹太細，樹梢就會扭曲。

註三　下小則上崩：形容任何事物，基礎太弱，則其上層結構就容易崩垮。

註四　虎羊同群：把虎羊視為同類，比喻分不清強弱形勢，或分不清各類事物的價值。

註五　帶短者續：帶子太短就接長。

註六　洗不必江河：洗東西不必一定到江河。

註七　疾足：跑得快。

註八　智通：智慧通達。

註九　禁暴止兵：禁止不合正義的戰爭。

註十　安仁：推行仁政。

註十一　保大定功：確保江山穩固，不受外敵入侵。

「陰察」之宗旨，強調透過觀察事物的表象，領悟其本質問題，以啟發人們面對客觀環境的警覺性，進而領悟到人生經營的道理。例如，人生的經營，不外修身、齊家、治國、平天下，人之一生縱橫天下（社會、江湖），須要智慧，須要不凡的悟力。

〈陰察〉一文，諸葛亮最後總結五種德行：（一）禁止不義之戰爭，（二）賞賢罰罪，（三）推行仁政，（四）確保國家社會長治久安，（五）禁絕讒言惡行。

古今中外，站在統治者的立場，要居安思危，要精勵圖治，要任用賢能，要杜絕妖孽，諸葛亮日夜所思亦是。只可惜他有生之年未能完成北伐大業，實為主客形勢不利，非孔明不能也！

附件

諸葛亮年譜

元號	西元	年齡	大事記
光和四年	一八一	1	諸葛亮出生，兄諸葛瑾4歲。 東漢獻帝誕生。
中平元年	一八四	4	二月，黃巾黨人事變。 三月，黨錮之禍中被監禁的清流派人士，由於政府懷柔政策而被釋放。
中平六年	一八九	9	母章氏去世。 四月，靈帝崩。 八月，外戚何進爲宦官殺害。 九月，董卓廢少帝，立獻帝。
初平元年	一九〇	10	正月，袁紹組成關東反董卓聯盟。 三月，董卓遷都長安。 劉表任荊州牧。

初平二年	一九一	11	孫堅攻入洛陽。 十月劉備任平原令。
初平三年	一九二	12	父親諸葛珪去世。 四月，董卓遇刺。 李傕、郭汜攻入長安。 徐庶、石韜避居荊州。
興平元年	一九四	14	兄諸葛瑾和繼母共赴江東，諸葛亮和弟弟諸葛均，寄養於叔父諸葛玄家中。
興平二年	一九五	15	叔父諸葛玄任章州太守，諸葛亮等陪同他至南昌。
建安元年	一九六	16	曹操迎獻帝入許都，自任司空大將軍。
建安二年	一九七	17	正月，諸葛玄遇害，諸葛亮隱居於隆中。 袁術僭越稱帝。
建安三年	一九八	18	諸葛亮常作〈梁父吟〉，過著晴耕雨讀的生活。 劉表平定荊州八郡。
建安四年	一九九	19	結交友人徐庶、崔州平、石韜，拜龐德公、司馬徽爲師。 劉備和董承謀害曹操失敗。
建安五年	二〇〇	20	諸葛瑾在東吳出仕。 十月曹操在官渡擊敗袁紹。
建安六年	二〇一	21	九月，曹操攻打劉備，劉備投奔劉表。
建安七年	二〇二	22	五月，袁紹去世。
建安十年	二〇五	25	曹操攻佔冀、青、幽、幷四州，成爲中國第一軍事強人。

建安十二年	二〇七	27	劉備三顧茅廬，諸葛亮提出三分天下之計劃〈隆中策〉。 劉禪出生。
建安十三年	二〇八	28	七月，曹操南征荊州。 八月，劉表死。 九月，荊州投降。 劉備、諸葛亮在當陽戰敗後逃亡夏口。諸葛亮赴東吳商談聯盟事宜。 十一月，孫劉聯軍在赤壁擊敗曹操。
建安十四年	二〇九	29	劉備任諸葛亮爲軍師中郎將，駐守臨烝，劉備平定荊州四郡，駐屯公安。
建安十六年	二一一	31	益州太守劉璋迎劉備入蜀，龐統隨行，諸葛亮、關羽、張飛、趙雲駐守荊州。
建安十七年	二一二	32	孫權移居建業。 十二月，劉備在涪城起義，討伐劉璋。
建安十八年	二一三	33	五月，曹操進位曹公。 劉備圍攻雒城，龐統殉職。
建安十九年	二一四	34	諸葛亮令關羽守荊州，自己率張飛、趙雲入蜀。 五月，和劉備會軍，劉璋投降。 劉備入成都，佔有巴蜀，並以諸葛亮爲軍師將軍，署左將軍及大司馬府事。
建安二十年	二一五	35	諸葛亮奉命治蜀，選拔人才。 劉備和孫權爲荊州事件關係惡化。 曹操進攻漢中，張魯投降。 七月，劉、孫平分荊州。

建安二十一年	二一六	36	五月，曹操晉位魏王。
建安二十三年	二一八	38	劉備進軍漢中。 諸葛亮留守成都，加強漢中。爭奪戰之後勤任務。
建安二十四年	二一九	39	五月，劉備攻破夏侯淵，佔有漢中。 七月，劉備自進漢中王。 八月，關羽發動襄樊戰役，圍攻曹仁。 十月，吳、魏同盟成立，呂蒙襲殺關羽，荊州陷落。
建安二十五年 魏黃初元年	二二〇	40	正月，曹操去世。 十月曹丕篡位，廢漢獻帝，成立曹魏政權，東漢正式亡國。 蜀漢法正去世。
蜀漢章武元年 魏黃初二年	二二一	41	四月，劉備即帝位，國號漢，史稱蜀漢，諸葛亮任丞相職。 七月張飛遭暗殺去世，諸葛亮代其司隸校尉職。
蜀章武二年 魏黃初三年 吳黃武元年	二二二	42	二月，劉備出兵荊州，征伐東吳。 六月，陸遜在夷陵大破劉備，劉備退守白帝城，並在永安病倒。 孫權自封吳王。蜀漢馬超病死。
蜀建興元年 魏黃初四年 吳黃武二年	二二三	43	諸葛亮至永安探視劉備。 四月，劉備崩逝，遺言託孤於諸葛亮。 五月，劉禪即帝位，諸葛亮封武鄉侯兼領益州牧。 六月，南中叛亂，諸葛亮派鄧芝和孫權談判，吳蜀同盟再度建立。

蜀建興二年 魏黃初五年 吳黃武三年	二二四	44	諸葛亮重用益州長老賢能，全力安定蜀漢政局。
蜀建興三年 魏黃初六年 吳黃武四年	二二五	45	三月，諸葛亮南征，平定四郡。 十二月，班師回到成都。
蜀建興四年 魏黃初七年 吳黃武五年	二二六	46	曹丕崩逝，子曹叡即位。 諸葛亮趁此機會積極準備北伐事宜。
蜀建興五年 魏大和元年 吳黃武六年	二二七	47	三月，諸葛亮上〈出師表〉，至漢中向魏挑戰。 諸葛亮長男諸葛瞻出生。
蜀建興六年 魏大和二年 吳黃武七年	二二八	48	春天，街亭之役，馬謖爲張郃大敗，揮淚斬馬謖，諸葛亮自請貶爲右將軍，行丞相事。 十二月，二度北伐兵圍陳倉，無功而返。
蜀建興七年 魏大和三年 吳黃龍元年	二二九	49	春天，諸葛亮三度北伐，平定武都、陰平，復丞相位。 四月，孫權即帝位，九月建都於建業。 蜀漢趙雲病逝。

蜀建興八年 魏大和四年 吳黃龍二年	二三〇	50	諸葛亮有效防阻曹魏大將軍曹眞之南征。
蜀建興九年 魏大和五年 吳黃龍三年	二三一	51	二月，諸葛亮以木牛、流馬進攻祁山。 五月，擊敗司馬懿。 六月，擊敗張郃。 李嚴僞劉禪令，諸葛亮撤軍，流放李嚴。
蜀建興十一年 魏青龍元年 吳嘉禾二年	二三三	53	諸葛亮在斜谷駐屯，再度準備北伐。
蜀建興十二年 魏青龍二年 吳嘉禾三年	二三四	54	二月，諸葛亮率十萬大軍，出武功，和司馬懿對峙渭水五丈原。 八月，在五丈原病逝。

諸葛亮之一族

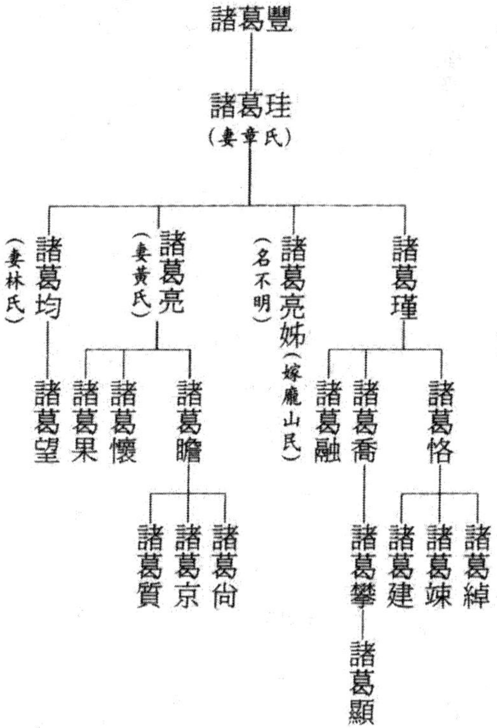
諸葛豐
諸葛珪
（妻章氏）
諸葛瑾
諸葛亮姊
（名不明）
（嫁龐山氏）
諸葛亮
（妻黃氏）
諸葛均
（妻林氏）
諸葛恪
諸葛喬
諸葛融
諸葛瞻
諸葛懷
諸葛果
諸葛望
諸葛綽
諸葛竦
諸葛建
諸葛攀
諸葛顯
諸葛尚
諸葛京
諸葛質

魏、司馬世系表

- (魏)武帝曹操
  - (1)文帝曹丕(在位七年)
    - (2)明帝曹叡(在位十三年)
      - (3)廢帝曹芳(在位十四年)
    - ○
      - (4)廢帝曹髦(在位六年)
  - ○
    - (5)元帝曹奐(在位六年)

五位皇帝，共計四十六年

- (司馬氏)司馬懿
  - 司馬師
  - 司馬昭
    - 晉武帝司馬炎(在位二十六年)
  - ○

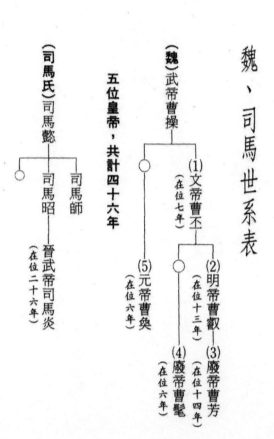

吳、蜀漢世系表

（蜀漢）(1)昭烈帝劉備（在位二年）——(2)後主劉禪（在位四十一年）

二帝共計四十三年

（吳）孫堅——(1)大帝孫權（在位三十一年）

- (2)廢帝孫亮（在位六年）
- (3)景帝孫休（在位六年）
- ○——(4)末帝孫皓（在位十六年）

四帝共計五十九年

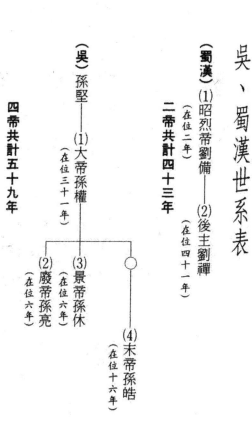

陳福成著作全編總目

壹、兩岸關係

①決戰閏八月
②防衛大台灣
③解開兩岸十大弔詭
④大陸政策與兩岸關係

貳、國家安全

⑤國家安全與情治機關的弔詭
⑥國家安全與戰略關係
⑦國家安全論壇。

參、中國學四部曲

⑧中國歷代戰爭新詮
⑨中國近代黨派發展研究新詮
⑩中國政治思想新詮
⑪中國四大兵法家新詮：孫子、吳起、孫臏、孔明

肆、歷史、人類、文化、宗教、會黨

⑫神劍與屠刀
⑬中國神譜
⑭天帝教的中華文化意涵
⑮奴婢妾匪到革命家之路：復興廣播電台謝雪紅訪講錄
⑯洪門、青幫與哥老會研究

伍、詩〈現代詩、傳統詩〉、文學

⑰幻夢花開一江山
⑱赤縣行腳·神州心旅
⑲「外公」與「外婆」的詩
⑳尋找一座山
㉑春秋記實
㉒性情世界
㉓春秋詩選
㉔八方風雲性情世界
㉕古晟的誕生
㉖把腳印典藏在雲端
㉗從魯迅文學醫人魂救國魂說起
㉘六十後詩雜記詩集

陸、現代詩（詩人、詩社）研究

㉙三月詩會研究
㉚我們的春秋大業：三月詩會二十年別集
㉛中國當代平民詩人王學忠
㉜讀詩稗記
㉝嚴謹與浪漫之間
㉞一信詩學研究：解剖一隻九頭詩鵠
㉟囚徒
㊱胡爾泰現代詩臆說
㊲王學忠籲天詩錄

柒、春秋典型人物研究、遊記

㊳山西芮城劉焦智「鳳梅人」報研究
㊴在「鳳梅人」小橋上
㊵我所知道的孫大公

㊶為中華民族的生存發展進百書疏
㊷金秋六人行
㊸漸凍勇士陳宏

捌、小說、翻譯小說

㊹迷情·奇謀·輪迴、
㊺愛倫坡恐怖推理小說

玖、散文、論文、雜記、詩遊記、人生小品

㊻一個軍校生的台大閒情
㊼古道·秋風·瘦筆
㊽頓悟學習
㊾春秋正義
㊿公主與王子的夢幻、
(51)洄游的鮭魚
(52)男人和女人的情話真話
(53)台灣邊陲之美
(54)最自在的彩霞
(55)梁又平事件後

拾、回憶錄體

(56)五十不惑
(57)我的革命檔案
(58)台大教官興衰錄
(59)迷航記、
(60)最後一代書寫的身影
(61)我這輩子幹了什麼好事
(62)那些年我們是這樣寫情書的
(63)那些年我們是這樣談戀愛的
(64)台灣大學退休人員聯誼會第九屆理事長記實

拾壹、兵學、戰爭

(65)孫子實戰經驗研究
(66)第四波戰爭開山鼻祖賓拉登

拾貳、政治研究

(67)政治學方法論概說
(68)西洋政治思想史概述
(69)中國全民民主統一會北京行
(70)尋找理想國：中國式民主政治研究要綱

拾參、中國命運、喚醒國魂

(71)大浩劫後：日本 311 天譴說 日本問題的終極處理

拾肆、地方誌、地區研究

(72)台大逸仙學會
(73)台北公館台大地區考古·導覽
(74)台中開發史
(75)台北的前世今生
(76)台北公館地區開發史

拾伍、其他

(77)英文單字研究
(78)與君賞玩天地寬（文友評論）
(79)非常傳銷學
(80)新領導與管理實務

2015 年 9 月後新著

編號	書　　　　名	出版社	出版時間	定價	字數(萬)	內容性質
81	一隻菜鳥的學佛初認識	文史哲	2015.09	460	12	學佛心得
82	海青青的天空	文史哲	2015.09	250	6	現代詩評
83	為播詩種與莊雲惠詩作初探	文史哲	2015.11	280	5	童詩、現代詩評
84	世界洪門歷史文化協會論壇	文史哲	2016.01	280	6	洪門活動紀錄
85	三搞統一：解剖共產黨、國民黨、民進黨怎樣搞統一	文史哲	2016.03	420	13	政治、統一
86	緣來艱辛非尋常－賞讀范揚松仿古體詩稿	文史哲	2016.04	400	9	詩、文學
87	大兵法家范蠡研究－商聖財神陶朱公傳奇	文史哲	2016.06	280	8	范蠡研究
88	典藏斷滅的文明：最後一代書寫身影的告別紀念	文史哲	2016.08	450	8	各種手稿
89	葉莎現代詩研究欣賞：靈山一朵花的美感	文史哲	2016.08	220	6	現代詩評
90	臺灣大學退休人員聯誼會第十屆理事長實記暨 2015～2016 重要事件簿	文史哲	2016.04	400	8	日記
91	我與當代中國大學圖書館的因緣	文史哲	2017.04	300	5	紀念狀
92	廣西參訪遊記（編著）	文史哲	2016.10	300	6	詩、遊記
93	中國鄉土詩人金土作品研究	文史哲	2017.12	420	11	文學研究
94	暇豫翻翻《揚子江》詩刊：蟾蜍山麓讀書瑣記	文史哲	2018.02	320	7	文學研究
95	我讀上海《海上詩刊》：中國歷史園林豫園詩話瑣記	文史哲	2018.03	320	6	文學研究
96	天帝教第二人間使命：上帝加持中國統一之努力	文史哲	2018.03	460	13	宗教
97	范蠡致富研究與學習：商聖財神之實務與操作	文史哲	2018.06	280	8	文學研究
98	光陰簡史：我的影像回憶錄現代詩集	文史哲	2018.07	360	6	詩、文學
99	光陰考古學：失落圖像考古現代詩集	文史哲	2018.08	460	7	詩、文學
100	鄭雅文現代詩之佛法衍繹	文史哲	2018.08	240	6	文學研究
101	林錫嘉現代詩賞析	文史哲	2018.08	420	10	文學研究
102	現代田園詩人許其正作品研析	文史哲	2018.08	520	12	文學研究
103	莫渝現代詩賞析	文史哲	2018.08	320	7	文學研究
104	陳寧貴現代詩研究	文史哲	2018.08	380	9	文學研究
105	曾美霞現代詩研析	文史哲	2018.08	360	7	文學研究
106	劉正偉現代詩賞析	文史哲	2018.08	400	9	文學研究
107	陳福成著作述評：他的寫作人生	文史哲	2018.08	420	9	文學研究
108	舉起文化使命的火把：彭正雄出版及交流一甲子	文史哲	2018.08	480	9	文學研究

109	我讀北京《黃埔》雜誌的筆記	文史哲	2018.10	400	9	文學研究
110	北京天津廊坊參訪紀實	文史哲	2019.12	420	8	遊記
111	觀自在綠蒂詩話：無住生詩的漂泊詩人	文史哲	2019.12	420	14	文學研究
112	中國詩歌墾拓者海青青：《牡丹園》和《中原歌壇》	文史哲	2020.06	580	6	詩、文學
113	走過這一世的證據：影像回顧現代詩集	文史哲	2020.06	580	6	詩、文學
114	這一是我們同路的證據：影像回顧現代詩題集	文史哲	2020.06	540	6	詩、文學
115	感動世界：感動三界故事詩集	文史哲	2020.06	360	4	詩、文學
116	印加最後的獨白：蟾蜍山萬盛草齋詩稿	文史哲	2020.06	400	5	詩、文學
117	台大遺境：失落圖像現代詩題集	文史哲	2020.09	580	6	詩、文學
118	中國鄉土詩人金土作品研究反響選集	文史哲	2020.10	360	4	詩、文學
119	夢幻泡影：金剛人生現代詩經	文史哲	2020.11	580	6	詩、文學
120	范蠡完勝三十六計：智謀之理論與全方位實務操作	文史哲	2020.11	880	39	戰略研究
121	我與當代中國大學圖書館的因緣（三）	文史哲	2021.01	580	6	詩、文學
122	這一世我們乘佛法行過神州大地：生身中國人的難得與光榮史詩	文史哲	2021.03	580	6	詩、文學
123	地瓜最後的獨白：陳福成長詩集	文史哲	2021.05	240	3	詩、文學
124	甘薯史記：陳福成超時空傳奇長詩劇	文史哲	2021.07	320	3	詩、文學
125	芋頭史記：陳福成科幻歷史傳奇長詩劇	文史哲	2021.08	350	3	詩、文學
126	這一世只做好一件事：為中華民族留下一筆文化公共財	文史哲	2021.09	380	6	人生記事
127	龍族魂：陳福成籲天錄詩集	文史哲	2021.09	380	6	詩、文學
128	歷史與真相	文史哲	2021.09	320	6	歷史反省
129	蔣毛最後的邂逅：陳福成中方夜譚春秋	文史哲	2021.10	300	6	科幻小說
130	大航海家鄭和：人類史上最早的慈航圖證	文史哲	2021.10	300	5	歷史
131	欣賞亞媺現代詩：懷念丁穎中國心	文史哲	2021.11	440	5	詩、文學
132	向明等八家詩讀後：被《食餘飲後集》電到	文史哲	2021.11	420	7	詩、文學
133	陳福成二〇二一年短詩集：躲進蓮藕孔洞內乘涼	文史哲	2021.12	380	3	詩、文學
134	中國新詩百年名家作品欣賞	文史哲	2022.01	460	8	新詩欣賞
135	流浪在神州邊陲的詩魂：台灣新詩人詩刊詩社	文史哲	2022.02	420	6	新詩欣賞
136	漂泊在神州邊陲的詩魂：台灣新詩人詩刊詩社	文史哲	2022.04	460	8	新詩欣賞
137	陸官 44 期福心會：暨一些黃埔情緣記事	文史哲	2022.05	320	4	人生記事
138	我躲進蓮藕孔洞內乘涼--2021 到 2022 的心情詩集	文史哲	2022.05	340	2	詩、文學
139	陳福成 70 自編年表：所見所做所寫事件簿	文史哲	2022.05	400	8	傳記
140	我的祖國行腳詩鈔：陳福成 70 歲紀念詩集	文史哲	2022.05	380	3	新詩欣賞

141	日本將不復存在：天譴一個民族	文史哲	2022.06	240	4	歷史研究
142	一個中國平民詩人的天命：王學忠詩的社會關懷	文史哲	2022.07	280	4	新詩欣賞
143	武經七書新註：中國文明文化富國強兵精要	文史哲	2022.08	540	16	兵書新注
144	明朗健康中國：台客現代詩賞析	文史哲	2022.09	440	8	新詩欣賞
145	進出一本改變你腦袋的詩集：許其正《一定》釋放核能量	文史哲	2022.09	300	4	新詩欣賞
146	進出吳明興的詩：找尋一個居士的圓融嘉境	文史哲	2022.10	280	5	新詩欣賞
147	進出方飛白的詩與畫：阿拉伯風韻與愛情	文史哲	2022.10	440	7	新詩欣賞
148	孫臏兵法註：山東臨沂銀雀山漢墓竹簡	文史哲	2022.12	280	4	兵書新注
149	鬼谷子新註	文史哲	2022.12	300	6	兵書新注
150	諸葛亮兵法新註	文史哲	2023.02	400	7	兵書新注

陳福成國防通識課程著編及其他作品

（各級學校教科書及其他）

編號	書　　名	出版社	教育部審定
1	國家安全概論（大學院校用）	幼　獅	民國 86 年
2	國家安全概述（高中職、專科用）	幼　獅	民國 86 年
3	國家安全概論（台灣大學專用書）	台　大	（臺大不送審）
4	軍事研究（大專院校用）（註一）	全　華	民國 95 年
5	國防通識（第一冊、高中學生用）（註二）	龍　騰	民國 94 年課程要綱
6	國防通識（第二冊、高中學生用）	龍　騰	同
7	國防通識（第三冊、高中學生用）	龍　騰	同
8	國防通識（第四冊、高中學生用）	龍　騰	同
9	國防通識（第一冊、教師專用）	龍　騰	同
10	國防通識（第二冊、教師專用）	龍　騰	同
11	國防通識（第三冊、教師專用）	龍　騰	同
12	國防通識（第四冊、教師專用）	龍　騰	同

註一　羅慶生、許競任、廖德智、秦昱華、陳福成合著，《軍事戰史》（臺北：全華圖書股份有限公司，二〇〇八年）。

註二　《國防通識》，學生課本四冊，教師專用四冊。由陳福成、李文師、李景素、頊臺民、陳國慶合著，陳福成也負責擔任主編。八冊全由龍騰文化事業股份有限公司出版。